五、偷闲茶饮　/ 102

　　课外拓展　给剩米饭披上华丽的外衣——香菇蛋包饭　/ 106

第四节　潮流美味　/ 107

　　一、不时不食　/ 107

　　二、春　/ 107

　　三、夏　/ 109

　　四、秋　/ 110

　　五、冬　/ 111

　　课外拓展　夏日霸主——麻辣小龙虾　/ 115

参考文献　/ 116

第一单元 生活管理

第一节　整理有道

一、生活管理的基本途径

生活管理是指处理家庭日常生活事务，是一种自我服务性质的劳动，也是家庭生活的必要环节。家庭事务内容繁杂，本单元主要学习生活管理的基本内容：物品整理、收纳和打扫。

整理、收纳和打扫，常常会被混为一谈，但它们其实是三个完全不同的行为。整理的对象是物品，通过一定的取舍原则，决定物品的去留。收纳的对象也是物品，通过决定物品的摆放位置，使用恰当的收纳技巧，使物品被合理安置。打扫的对象是脏污，通过正确的清洁方式，清除污垢、打扫灰尘，房间变得更整洁。

在这三者之中，整理是第一位的。没有经过整理，就开始收纳，实际上是在囤积物品。这样收纳只不过是做到了规整地囤积物品，但不解决家中杂乱的根本问题。生活中，由于不理解整理的意义，出现了好多囤物收纳癖。如图1.1.1中某网友那般疯狂囤货，家里物品堆积如山，100多平方米的大屋子被硬生生挤成了小户型。这样囤积物品，即使摆放得再规整也是对生活空间的巨大浪费。

通常，经过整理之后，物品数量会大幅减少。我们应在整理的基础上，决定买什么样的收纳工具，否则盲目购买的收纳工具也会成为多余之物。因此，在整理的时候不要急于购买收纳用品，要先充分利用已有的收纳工具。彻底整理完成之后，再根据物品的数量、种类，更换尺寸合适且符合个人审美的收纳工具。

物品经过整理、收纳后再进行居室打扫，你会感到非常轻松。所以，先整理，后收纳，再打扫，这才是正确的排序。

此外，在进行家务管理时，还应注意以下要点，以提高家务的效率和质量：

第一，家务工作应遵循科学规律。

第二，合理统筹使用时间。

第三，应用科技成果与替代品，减少手工作业。

第四，提高专项家务工作技能。

第五，注意节省，不浪费材料和金钱。

图 1.1.1

二、整理规则

（一）常见误区

家里总是乱成一团，不是没有原因的。很多做不好整理的人往往是因为陷入了以下三个误区，越收拾越混乱，最终选择放弃。

误区一：每天整理一个地方。

有的人决心整理后就订下计划，规定今天整理主卧、明天整理次卧、后天整理厨房，但是这样的计划多半会以失败告终。因为同类型的物品可能分散在不同的场所，昨天刚把某类东西固定好收纳场所，今天又出现一堆，这样的整理永无结束之日，很容易让人感到疲惫。

误区二：每天整理一点点。

每天整理一个类别的物品，这种方法虽然理论上可行，但是不推荐。

整理耗时太长，效果不显著，成就感不足，而且很容易导致拖延症。如果条件允许的话，最好抽出半天到一整天的空闲时间，一鼓作气彻底整理。

请注意：整理的诀窍是"一次性、短期内、彻底整理"。

误区三：整理就是扔东西。

扔东西只是整理的手段，不是目的。与其说整理是在扔东西，不如说是在挑选值得留下的东西。整理的目的是要让自己摆脱凌乱的现状，过上向往的生活。例如：你理想中的飘窗，是可以坐在上面看书喝茶的休闲之地，而现实中的飘窗却堆满了杂物，对比理想和现实的差距，你就会明白该做点什么了。

因此，整理应该是集中短期一次性完成，然后就是保持物品的随手归位。

当你真正彻底整理以后，随手归位非常容易。即使以前你是绝对不可能这样做的人，也能做到。到时候你会发现，东西大量减少，归位不再费劲。更重要的是通过整理所保留的都是心爱之物，你自然就不再粗暴、随意地对待了。

整理永远是只留下必需的东西，而不是"多多益善"。与其总是想着增加东西，倒不如用少而精的物品让自己的生活更加舒适。少而精，避免过度囤积。生活空间更加宽敞，生活效率也会慢慢提升。

（二）整理流程

不要按照场所和房间来整理，应把物品集中分成五类，按顺序整理。基本顺序是：衣物类—书籍类—文件类—小物品—纪念品，从易到难。请将同一类物品全部拿出来堆到一起，一件一件整理，直到这一类物品整理完毕。

千万不要从纪念品开始整理，因为这些物品最难割舍，很可能会导致整理不完。

当所有物品以分类的形式摆放时，你需要花时间，按照取舍规则想一想，什么才是自己真正喜欢的。这样，你会对留下来的物品更加珍惜。

（三）取舍原则

整理的过程就是各种因素干扰决策的过程。因此，我们必须要确定究竟用什么标准来判断一个物品的去留，可以参考以下标准。

1. 断舍离

舍去令你不舒服、不适合你、你不喜欢的物品。

2. 心动整理法

心动，即喜欢、舒服，使人觉得安心、温暖、喜悦……整理时，将物品一个个拿在手中，好好感受一下，这件物品是否让你心动。心动的保留，不心动的扔掉。这和物品价格、是否损坏、新旧程度等没有关系。

3. 理性整理

第一，按照时间和频次决策。考虑物品的使用时间和频次，例如一年过去了也未曾使用的东西建议扔掉。

第二，按照属性决策。如按照资产（留下来会保值增值，如黄金、贵重首饰等）、工具（重视使用价值，将不心动的工具更换为自己心动的）、消耗品（如厕纸、洗洁精、牙膏、T恤等，购买时就决定使用周期，到期淘汰）等属性来存储，控制总量，不要囤积不必要的物品。

4. 旧物利用

面对整理时的物品，我们常常会认为把好好的东西扔了可惜、浪费、心疼。其实这些自己不需要的衣服、鞋子、书籍之类，除了扔进垃圾桶，还有其他处理方式。

（1）旧物捐赠

旧衣物可以捐赠给需要的人，建议大家在捐赠前使用消毒液清洗干净、叠整齐，这样，对接受捐赠的人也是一种尊重。虽然对于旧衣物的回收、捐赠，目前国内没有成熟的产业链，不过真心想捐还是有很多途径的。比如，很多小区都有旧衣回收箱，支持扫码放衣服；互联网上有旧衣服回收平台，可通过微信公众号预约；还有公益组织发起的募捐活动，平时多留意一下即可。

（2）二手买卖

自己不喜欢了，没准别人喜欢呢，低价转让给中意它们的人，一箭双雕！不过这招需要投入一点时间成本。

（3）无偿赠送

送衣服可能有点行不通，现在已经不是姐姐穿不了的衣服，妹妹捡漏穿的年代了，但是有些物品还是可以赠送的。比如送书，可以通过社交网络发布送书信息，如"一堆自己看过的书，你们看中哪个免费送，地址留下，邮费自理"。

（4）佛系处理

即使真的到了要"和垃圾桶打照面"的地步，也不是所谓的"浪费"。

权衡之后，自认这些东西于你已经没有意义，丢掉是最佳选择后，请别直接把它们丢进垃圾桶，而是打包放在垃圾桶旁，相信有缘人会带走它们（图1.1.2）。

图1.1.2

家政与生活技艺

如果不想处理，就想囤着，那么请扪心自问：当初为什么买这件物品？买了之后是否使用的次数屈指可数？

其实，整理这门艺术中，并不存在真正的无用之物。已经完成了使命的那些物品是过客，留下来的才是值得珍惜的。所以放弃它们并不是一件值得内疚的事，没遇到之前的坏，也不会懂得珍惜接下来的好。

（四）人是整理的核心

整理物品应以人为中心，思考物品和人之间的关系，以使用人的情况为主要考虑因素。我们进行整理的目的是让人舒适、物尽其用，而不是打造样板房或者家庭仓库，更不是劝你扔东西。此外由于取舍原则中包含较多的私人情感，因此每个人只能做自己的整理，无法帮别人整理，因为你不能替代他人做决策。请尊重他人的观念和物品，整理不过界。

那么在家庭中，如何更好地实践整理术？

首先，不要一味地代劳，容易产生各种家庭矛盾。那样不但违背了家庭成员间应互相尊重的原则，也会让其他家庭成员丧失独立的锻炼机会，而自身也会一直陷入被生活重担压得喘不过气来的死循环中。

其次，如果整理不是从内心深处愿意来做的话，千万不可以勉强。在家庭中，我们能做的就是先整理好自己的一亩三分地，然后用行动带动其他成员。

我们热爱生活，借由整理这件事来与自己的物品、心灵做沟通。真正整理好自己的全部物品的人，心态上一定会有所转变，是可以接受其他家庭成员的各种状态的。

练 习

- 根据自己的居住情况，进行物品整理，并填写下表。

类别	保留数量	处 理 数 量			
		旧物捐赠	二手买卖	无偿赠送	佛系处理
衣物类					
书籍类					
文件类					
小物品					
纪念品					

> 课外拓展

家庭收纳协调

每逢换季大收纳的时候，不少人会说：扔东西才是收纳的真谛啊。虽然扔东西可以使居室更整洁，但一味地扔，似乎也有解决不了的问题呢。

一个人住的时候，总能按照自己的意愿安排物品。一旦和家人同住，很多事情，就没那么简单了。

"坐享其成"的一方也很苦恼，想要的物品找不到，还常常被嫌弃。负责收纳整理的一方常常会被误解："你是不是偷偷把我东西丢掉了？"

所以，协调好收纳整理与家人的关系，需要每个家庭成员都参与到整理和收纳活动中，这样不仅是为了在收纳家务上节省时间，更体现了家人之间的尊重和协作。

首先，想要维持整理收纳好的成果，最重要的就是将物品用完放回原位。因此家人共用的物品，较为合适的方式是询问最不会收纳的人的意见：物品放在哪个位置会比较容易放回？比如根据孩子的身高情况，将水杯放在冰箱边的矮抽屉里，同时把饮料放在冰箱下层，这样孩子在口渴时就能自己动手拿杯子倒饮料喝了。

其次，在处理个人的物品收纳时，虽然应以物品主人的习惯为主。但一家人同住一个屋檐下，彼此的收纳习惯不同，难免会发生一点小摩擦。遇到这样的情况，与其生闷气，不如多沟通协调，制定出能融合双方性格习惯的收纳方式。比如妻子爱整洁，丈夫习惯在门厅柜子上堆放钥匙、文件等日常用品。对此可以在柜子上放置收纳筐，用来统一存放零乱的物品。当然，收纳筐的款式肯定是妻子喜欢的。

最后，在很多家庭中，成人是整理收纳的主角，许多人认为：孩子还小，不会收拾也没有关系。但这样做不仅给家长增加了负担，更错过了孩子习惯养成的最佳时期。如果能够根据孩子的视角和性格，制定适合他们的收纳方式，并加以练习，就能帮助孩子有效提高生活管理能力。比如有的孩子喜欢凭感觉做事，但对色彩比较敏感，家长可以为他准备不同颜色的收纳盒或文件夹来收纳不同类别的物品，这样他就能迅速建立收纳体系，养成良好习惯。

随着收纳概念的普及，市场上出现了很多参考书籍。许多人按照收纳书的指导去做，但"一定要这样做才正确"的心理容易使人产生压力。收纳的方式因人而异，应在遵循一定原则的基础上，根据自己的实际情况加以调整，慢慢找到适合自己的收纳模式。而家人之间的收纳协调需要彼此的理解与关爱，有爱才有家，家人共同协作，才能打造个性舒适的家居环境。

第二节　收纳有方

收纳的精髓，在于化繁为简，明明家里上百件杂物，能被你全部收入囊中，表面看上去干净整洁，甚至空无一物，其实暗藏玄机。

收纳方法有很多，但是最重要的是：每个家庭视情况不同，收纳的重点和方法也会有所区别，没有万能的收纳方法，最适合你家的，就是最好的。

一、收纳的基本规则

（一）分类存放物品

很多情况下我们的物品是分散的，把相同性质的物品放在一起，按照类别来进行整理，才不容易遗漏，同时方便日后取用。常见分类如图1.2.1。

难以分类的杂物，可以按照使用频率，分为常用和不常用两个大类，如图1.2.2。

图 1.2.1

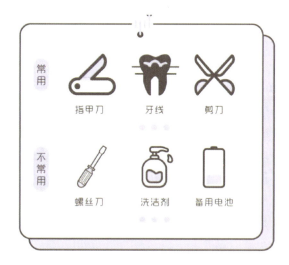

图 1.2.2

（二）按需决定位置

如果经过整理的物品没有进行合理的定位，那么收纳就会陷入"整理—变乱—再整理—再变乱"的恶性循环中。因此给物品定位，使用过后收回原位，才是收纳时最重要的大问题。

确定物品位置通常需要考虑以下两点。

1. 物品收纳的位置要在使用地点的附近

把物品放在使用地点的附近是收纳的根本。守住这条规则，就能节约取放的时间，减少找东西的麻烦，省时省力。即使存放空间不够，也要利用收纳工具，尽量放在使用地点的附近。

2. 以使用频率和重量决定收纳的位置

经常使用的东西，要放在容易拿到的地方。按照物品主人的身高，存储空间可以分为以下几个部分：把手自然垂在两侧，视线和指尖之间的空间是物品最容易被拿到的空间，可以用来存放经常使用的物品；次常用物品放在"向上抬起手时从指尖到视线之间的部分"和"垂着手时指尖和膝盖之间"；

"向上抬起手时指尖以上的位置"存放不经常使用的轻的物品;"膝盖以下的位置"存放不经常使用但比较重的物品。

(三)充分利用空间

1. 垂直收纳

垂直收纳是指向上发展,充分利用空间的高度。以建筑为例,别墅通常两三层,容积率(容积率 = 地上总建筑面积 / 项目总用地面积)极低,用地奢侈;公寓一般往高里摞,容积率高,空间利用率高。很明显,层高越高,容积率越高;收纳亦是,垂直空间利用更充分,收纳方式越高效。

以厨房台面收纳为例,如图 1.2.3 所示,如果把常用物品收纳到墙上,台面就能腾出更多使用空间。

2. 书式摆放

高效的收纳方式,应该让尽可能多的种类出现在视野中。

观察图书馆的陈列,我们会发现图书馆里书籍的摆放,简直是高明无比的收纳范本。书籍与书架层基本等高,没浪费垂直空间;每本书都在可视范围内,露出瘦瘦的书脊,有限空间内露出足够多的书,方便瞬间查找取用(图 1.2.4)。让人不禁感叹:书中自有收纳法!

以抽屉内部的整理为例,图 1.2.5 中的摆放方式使人打开抽屉时,只能看见 1 件衣服,信息露出严重不足,找衣服困难,整理好的衣服也很容易被弄乱。但是,如图 1.2.6 所示,当你把抽屉当成一层书架,把衣服叠成一本书,就能一目了然看见所有的衣服。

图 1.2.3

图 1.2.4

图 1.2.5

图 1.2.6

二、家庭收纳示范

（一）衣柜

1. 分类叠放

衣物经过清洗后，就进入收纳环节。一般有以下三种收纳方法。

方法一：悬挂

大部分的衣服都能采用悬挂的方式收纳，但棉质的T恤、背心和毛衣挂久了容易变形，失去弹性，最好还是折叠起来。商务衬衫、雪纺类的衣服比较挺括，穿的时候不能有太多折痕，适合用悬挂的方式。悬挂衣服时可根据衣物长短进行分类，争取下部收纳空间。对比图1.2.7中的两种悬挂方式，高下立见。还可以如图1.2.8所示，用夹子对悬挂的衣服进行分类。

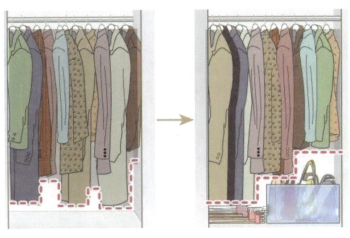

图 1.2.7

图 1.2.8

方法二：竖叠

如图1.2.9所示，竖叠的方法就是将衣服竖向折叠，使衣服能够立起来存放，这样收纳的衣服符合书式收纳原则，一目了然，在拿取的时候也不用担心会弄乱其他衣服。

图 1.2.9

如图 1.2.10 所示，具体折叠方法如下：

处理成长方形 ⟶ 制造"口袋" ⟶ 折进或者卷进"口袋"。

总的来说，适合竖向折叠的衣服有 T 恤衫、棉质衬衫、薄的卫衣和毛衣，这些衣服不容易也不用担心有褶皱，叠成差不多 1/3 大小就可以竖着收纳了。如图 1.2.11 所示，棉质休闲衣服大部分适合竖叠收纳，结合书式收纳原则摆放，可以节省不少空间。

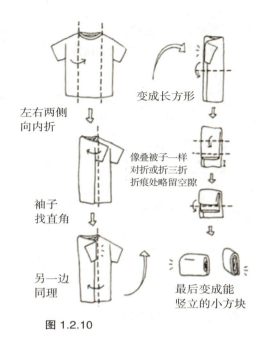

图 1.2.10

图 1.2.11

方法三：平叠

蚕丝、莫代尔棉等材质轻薄的衣服折叠后难以站立，悬挂又容易变形，只能采用平叠的方式收纳。折叠方法如图 1.2.12 所示。此外，比较厚的毛衣或者加绒的卫衣等，竖叠比较困难，也容易占地方，也可以采用平叠法收纳。

冬季的外套较为厚重，适宜悬挂，但如果空间不足时，也可以使用平叠收纳法。为了防止衣物变形，需要毛巾辅助，如图 1.2.13 所示。

图 1.2.12　　　　　　　　　　图 1.2.13

衣服叠好之后还需要按照穿着季节和场合分类。采用书式收纳原则进行摆放,每件衣服都呈现眼前,从此轻松取用,告别翻箱倒柜找衣物。

2. 合理分区

最上面的空间留给棉被或者换季的衣服。中间层是使用频率最高的,摆放当季的衣物,从左至右,由长到短。最下层借用收纳箱,把过季的衣服放在里面。请注意,衣服一定要从长到短悬挂,因为这样的收纳空间是最大的。这样衣柜下层才能更好地得到利用,如摆放收纳箱等工具。

如果觉得衣柜的空间划分不合理的话,可以使用塑料收纳抽屉进行改造。与固定在衣柜内的木质抽屉相比,它不仅价格更低,而且摆放灵活。可以根据实际情况充分利用衣柜的空间,来收纳更多的物品。如图 1.2.14 和图 1.2.15 所示。

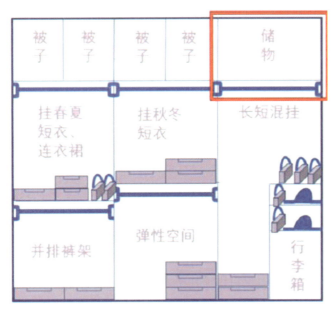

图 1.2.14

图 1.2.15

（二）鞋柜

1. 选好队形递增空间

鞋子是每个家庭的收纳难点,因为鞋子不仅品种繁杂,而且无法改变形态体积。但是通过简单地改变排列方式,就能提高收纳质量。

鞋头一律向前摆放鞋子是最常见的摆放方法,但也最浪费空间。

同样的鞋子,按照鞋柜进深前后交错摆放,节省的空间显而易见（图 1.2.16）。

图 1.2.16

2. 巧用工具调整间距

鞋柜中隔层之间间距不一是为了更充分地利用垂直空间，减少空间上的浪费。图 1.2.17 中看起来岁月静好的鞋柜，其实无形中浪费了大半的垂直空间。（用黑框标出来的部分，都是被浪费的空间。）

其实，完全可以根据鞋子的高度，缩短和调整间距，增加层数，扩大容量。我们可以通过一些辅助工具来实现。

工具一：伸缩杆

伸缩杆（图 1.2.18）既可以根据不同柜内的空间调节它的长度，也可以根据鞋帮高度来调整摆放的高度，使一层变两层（图 1.2.19）。

图 1.2.17

图 1.2.18

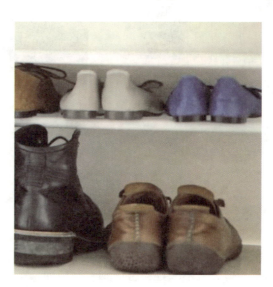

图 1.2.19

工具二：上下分层鞋架

如果鞋柜空间特别紧张，还可以使用如图 1.2.20 中的鞋子分层置物架，把鞋子都藏起来，两只变一只，两双变一双，收纳空间翻倍！

图 1.2.20

图 1.2.21　　　　图 1.2.22

工具三：立式收纳盒

使用立式收纳盒，可以让鞋子"站起来"，如图 1.2.21 和图 1.2.22 所示。当然，这种方式其实更适合拖鞋，不太适合皮鞋，容易导致皮鞋变形磨损。

工具四：鞋盒

如果习惯用鞋盒来收纳，为了方便查找，可以在鞋盒上面贴照片或者贴标签，把鞋子的关键词写上去（图 1.2.23）。

3. 特殊形态鞋类收纳

细跟的高跟鞋可以采用悬挂的方式收纳（图 1.2.24）。还有专门的鞋夹，最适合挂冬天的长筒靴了（图 1.2.25）。如果担心鞋子被夹出印子，可以在中间夹张纸片。

图 1.2.23　　　　图 1.2.24　　图 1.2.25

（三）卫生间

家里接待客人时，主人肯定会把客厅收拾得干干净净，给人整洁有序的感觉，但是卧室、卫生间等较为私密的地方就不一定会考虑到。一般而言，客人是不会进卧室的，但是借用卫生间的可能性非常大。卫生间的情况不仅可以反映主人真正的卫生习惯，更能感知主人的生活品位。所以，打造一个干净整洁的高颜值卫生间至关重要。

卫生间杂物较多，将它们收纳整齐是实现整洁目标的重要前提。除了传统的浴室柜，镜柜、坐便器、洗脸台都可做收纳场所。

1. 美貌镜柜，海纳百川

镜子是卫生间必不可少的物品。如果把平面的镜子换成立体的镜柜，瞬间出现了一个实用的收纳空间。

镜柜最厉害的就是它的包容力，日常使用的一堆清洁美妆用品都可以藏进镜柜里。走进卫生间一看，台面空无一物，打开镜柜一看，海纳百川，规整有序。

如果担心每天频繁开关柜门会把镜子弄脏，可以使用双开门镜柜，梳妆取物两不耽误（图 1.2.26）。

图 1.2.26

如果空间允许，可以尝试图 1.2.27 中的推拉式镜柜，打开镜门的时候空间也不会显得局促。如果觉得牙膏、牙刷等潮湿物品不宜放柜子里，可以在镜柜下面或边上留一行隔间位置，专门放置潮湿的牙刷、水杯等物品，其他物品收进柜体里面，同样很整洁（图 1.2.28 和图 1.2.29）。

但由于镜柜突出墙外，因此在选择时要注意镜柜深度适中，否则在刷牙洗脸时容易撞头。

此外也可以安装内嵌式的镜柜（图 1.2.30），它和普通镜面厚度一样，储物容量却让人惊喜。但安装前切忌乱砸承重墙，千万记得回避管道、电线的铺设位置。

图 1.2.27

图 1.2.28

图 1.2.29

图 1.2.30

2. 坐便器旁，多方利用

仅利用坐便器水箱上方或两边的空间收纳（图 1.2.31）是不够的。秉承垂直收纳理念，借用隔板，配合收纳柜使用，效果更佳（图 1.2.32）。如果觉得隔板容易积灰，可加一扇柜门（图 1.2.33）。

图 1.2.31

图 1.2.32

图 1.2.33

图 1.2.34　　　　　　图 1.2.35

此外，坐便器边的细长小角落也可以进行利用，比如量身打造一个细长型垂直收纳柜（图 1.2.34），或者采用更便捷的抽拉式小柜，方便找寻物品（图 1.2.35）。如果卫生间空间特别狭小难以放置柜子，可以使用隔板进行收纳（图 1.2.36）。总而言之，不要忽视任何细小的空间，见缝插针，充分利用空间。

3. 浴室柜，收纳主力

图 1.2.36　　　　　　图 1.2.37

寻常百姓家的卫生间收纳主力非浴室柜莫属了。而使用抽屉是浴室柜最常见的收纳方式，根据使用情况，放几个分隔收纳盒或隔板（图 1.2.37），不仅整洁美观，而且一目了然，取用方便。

图 1.2.38　　　　　　图 1.2.39

此外，浴室柜用于遮挡下水管道的空间也应充分利用。利用伸缩式置物架和滑轨式置物架（图 1.2.38），同样能达到包罗万物的效果。或者可以把物品分门别类，用收纳盒装起来，同时不要放过柜门这个小空间，很适合放一些小物品（图 1.2.39）。

如果家中使用的是一个简约款洗脸池，没有柜子怎么办？如果高度允许，可以在洗脸台下面做一个悬空隔板，辅以收纳盒（图1.2.40），勤打扫即可。浴室柜的侧边也是收纳的好地方，挂上几个收纳篮，存放卫生纸等小物品，或者放置用完需要散热的吹风机、夹板、卷发棒之类也很适合（图1.2.41）。

图 1.2.40

图 1.2.41

（四）厨房

厨房虽小，可五脏俱全，要想收纳得井井有条，仍须遵循垂直收纳和书式摆放的原则。以锅碗瓢盆的收纳为例，无论是台面上还是水管旁，都可采用垂直收纳架，既节省空间，又方便取用（图1.2.42）。

为了更好地利用空间，需要一些辅助工具。厨房收纳的常用工具有以下几种。

1. 伸缩杆

伸缩杆是最常用的工具，旋转两头，调整长度，横竖都可使用，能适应不同空间，台面、柜内、抽屉等处均可大展身手。在台面竖放搭配隔板实现垂直收纳，空出台面便于备菜（图1.2.43）；

图 1.2.42

在柜内横放用来悬挂收纳带喷枪的清洁剂，充分利用了柜内中段的空间（图1.2.44）；还可根据抽屉的大小调到合适的长度，按照存放物品的规格重新划分抽屉，使抽屉内部的每一寸空间都得到合理使用（图1.2.45）。

图 1.2.43

图 1.2.44

图 1.2.45

2. 书立、文件盒

书立和文件盒原本是辅助放置书本等的文具，但它们同样能够发挥分隔作用，使锅碗瓢盆一个个站起来，实现书式摆放，如图 1.2.46 和图 1.2.47 所示。

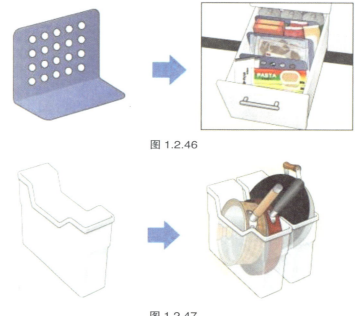

图 1.2.46

图 1.2.47

3. 伸缩置物架、收纳筐、挂钩等

可悬挂的收纳筐可以很好地解决由于柜内层高设计不合理而造成的空间浪费问题（图 1.2.48）。

收纳筐、挂钩等各种收纳小工具与伸缩置物架结合起来，便可充分利用水池下方的空间，原本用来遮挡水管的水池下柜华丽变身储物间。可以把零碎不美观的厨房用品分类收纳其中，既防止物品沾染厨房油污，又可实现台面整洁（图 1.2.49 和图 1.2.50）。

图 1.2.48

图 1.2.49

图 1.2.50

4. 收纳盒

厨房里的食物和调料的种类繁杂，为了便于取用，收纳需要多花心思。可以使用尺寸合适的收纳盒，并在每个收纳盒上做好标签（图 1.2.51 和图 1.2.52）。标签的做法并不复杂，只需在橱柜的一角放笔和标签即可。写字加贴标签，只需要几十秒的时间，养成良好的习惯，从此告别翻箱倒柜。也可以使用不同颜色的收纳盒进行区分。

图 1.2.51

图 1.2.52

总而言之，整理时做到有条不紊，这样不仅可以快速找到我们想要的物品，更能使人形成有目标、有计划的生活观念，过上更美好的生活。

三、环保收纳

生活水平的提高，使人们不太喜欢保存和利用饮料瓶、纸盒之类的物品，人们总觉得这样做有些吝啬。但是，如果将它们视作一种材料，它们却是出乎意料的好东西。因此，收集适用于自己的东西，运用身边的物品甚至废弃物，想办法来试一试，会有意外的收获。

（一）利用身边物品，创造完美生活

我们以饮料瓶为例，介绍如何利用身边的物品。

1. 小物品收纳盒

将瓶子的底部制成盒子，可以盛装小物品，并且能够调节高度将各种瓶子组合使用。切记要在切口处用塑料胶带捆绑，不仅止滑，也可防止划伤手。还可以使用棉布、毛线等其他材料，既防止切口划伤手，又起到了装饰作用（图 1.2.53）。

图 1.2.53

2. 多孔牙刷收纳架

利用 500 mL 瓶装水的瓶子的瓶口和底部，粘贴做成牙刷收纳架的主体，根据需要的数量在瓶身开孔，粘上其他瓶子的瓶口（图 1.2.54）。

3. 收口笔盒

将饮料瓶的瓶口切除，切口处理光滑。按照瓶身的直径制作棉布收口，并用热熔胶粘贴（图 1.2.55）。

图 1.2.54

图 1.2.55

4. 长筒靴鞋撑

如图 1.2.56 所示，将锥子烧热后，在 1.5 L 的圆形饮料瓶上扎孔，作为透气孔。在瓶子底部扎孔，将把手固定好，用绳子替代也可以。在饮料瓶壁上切开一个纵向的长口，放入干燥剂。这样制成的鞋撑既可以保持长靴的鞋型，又能防潮。

图 1.2.56

（二）自己动手，享受 DIY 的乐趣

虽然市场上为我们提供了各式储存箱，但是寻找与收纳空间非常吻合的存储工具常常费时费力，可能还要耗费大量资金。

手工制作隔板或者储物箱，既满足了分类放置、充分利用空间的需要，又符合旧物利用的环保原则。下面为大家介绍几种简便易用的手工制作。

1. 制作隔板

抽屉乱糟糟，怎么办？首先，规划要摆放的物品的尺寸和数量，然后用抽屉隔板把抽屉分为若干个小空间，这样物品不仅不会混杂，还会显得非常整洁。抽屉隔板可以利用家中废弃的硬纸盒来制作。

（1）H 形抽屉隔板

从上方看起来像字母 H 的隔板，可以从两侧固定，不易倾倒（图 1.2.57）。

准备好硬纸板，测量好需要的间隔长度、宽度及抽屉的深度，画好如图 1.2.58 所示裁剪线，两侧各留出 3～5 cm 作支腿，把展开图剪成两半。

图 1.2.57

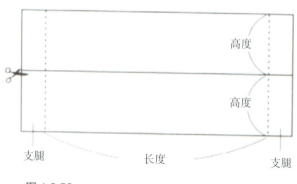

图 1.2.58

取比硬纸大一圈的布，用白乳胶粘在硬纸上。不要忘记把两侧的支腿部分也粘好。

除了支腿的地方，在硬纸板内侧粘上双面胶，将两块纸板粘在一起，展开两侧支腿即可。

（2）书立式隔板

适用于摆放轻便、容积小的物品。不适合太宽太深的抽屉（图1.2.59）。

测量好需要间隔的长度、宽度及抽屉的深度，在硬纸上画出展开图，两侧各留3～5 cm作支腿（图1.2.60）。

图1.2.59

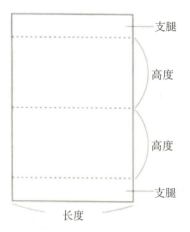

图1.2.60

如图1.2.61所示，包上布，不要忘记把两侧支腿部分也粘好。空出支腿部分，在硬纸内侧粘上双面胶，从中央位置对折粘好，把支腿展开即可。

图1.2.61

2. 增加柜内隔板

有时木制柜子的原有间隔过大，想在两层之间增加一层隔板，却不会木工活，这时可以买一些托盘或U形架子来替代，也可以用大小相同的两块木板和一块隔板来制作。

用胶把作为支撑的木板或者塑料盒粘在橱柜内侧，然后放上木板、托盘或者纸盒（图1.2.62）。

图1.2.62

家政与生活技艺

> 练 习

1. 根据自己的居住情况，在整理之后进行物品收纳，并填写下表。

分 类	垂直收纳情况	书式摆放情况	收纳工具
衣 柜			
鞋 柜			
卫生间			
厨 房			
卧 室			
书 房			
阳 台			

2. 牛奶盒一般在喝完牛奶后就被扔掉了，但是它比一般纸盒牢固，且具有不透水的优点。尝试根据自己的生活情况利用牛奶盒进行两项收纳的手工设计制作，并请把制作过程记录下来。

名 称			
材 料			
原 理			
过 程			
心 得			

> 课外拓展

展示收纳法

大多数人认为收纳就是把物品分门别类地藏起来，从而达到居室整洁的效果。也有人会觉得这样显得"家徒四壁"，没有人间烟火气。于是展示收纳应运而生。顾名思义，展示收纳就是摆出来看的收纳，实现了装饰与收纳的双赢。

这种充满生活气息的展示收纳法看似简单，实则暗藏玄机。要达到美观与实用的和谐统一，我们需要掌握以下三大窍门。

诀窍一：展示品要挑选

把物品陈列出来是展示收纳法的最大特点，但不是所有的物品都适合展示。因此在实践这一方法时我们要对物品进行分拣，那些设计感强、造型优美的物品是首选。有时有的物品虽然不具备美感但是收藏起来会给使用带来不便，于是可以使用一些精美的收纳工具来辅助。例如各种充电线或者数据线，可以使用半透明的文件盒进行收纳，既实现了书式摆放，又具有简约之美。

诀窍二：严守三色原则

"三色原则"源自服饰搭配，是指全身上下的衣着，应当保持在三种色彩之内，这样显得丰富而不杂乱。这一原则同样适用于家居展示收纳。如在厨房展示架上物品的色调控制在三种色调以内，即使琳琅满目也不觉凌乱。

诀窍三：等间距摆放

把展示架上的物品按从大到小的顺序排列，物品之间的间距保持相等，这就是等间距摆放。这样的摆放方式可以使物品看起来更整齐，再结合三色原则，绝对是收纳的最高境界。

但展示收纳法也不是万能的，最大的问题就是物品没有遮挡容易落灰。可是优点也显而易见，物品触手可及，不需要翻箱倒柜，还能通风防潮，抑制细菌滋生，有利于健康。

由此可见，展示收纳的最佳对象，非厨房用品莫属。这些物品使用频率高，无须翻箱倒柜，实在方便。同时这些物品需要经常清洗，不怕积灰。

第三节　清洁高效

将所有的物品摆放好以后，经常进行打扫是确保舒适生活的一个重要环节。扫除可分为每日扫除和间隔扫除（如月扫除、年扫除等）。

每日扫除又可称为即刻扫除，是指看到污垢时立即进行清扫。

间隔扫除也称全面扫除，即在经过一个时间段后，彻底地清除污垢。

通过每日扫除和固定进行的间隔扫除，即使不是每天都进行大扫除，居室内也会很整洁。

一、打扫顺序不能忘

在进行间隔扫除时，可以遵循以下两种顺序：

一是纵向的空间顺序，用于每一个房间的打扫。打扫顺序遵循从上到下、从里到外的原则。

二是横向的空间顺序，用来区分各个房间的功能和打扫次序。

从横向考虑，首先打扫最难清洁的厨房，清洁完厨房，就觉得其他房间打扫起来都易如反掌了。厨房打扫的先后顺序通常为：橱柜→灶台→电器→墙→玻璃。

清理完厨房后便轮到清理卧室和客厅了。这一步的难点是玻璃窗，需要按照从上到下、从里到外、从左到右的顺序清理；重点则是针对家具和地板的保养。打扫顺序为：天花板→窗户→家具→地板。

因为大部分的时候都须在洗手间接水、洗抹布，把清理洗手间放在最后可以有效避免二次污染。清理洗手间的顺序通常为：浴缸（淋浴房）→马桶→瓷砖→地砖。

二、清洁各处有妙招

（一）厨房

中国家庭做饭时很难不产生油污，不及时处理就会变成顽垢。对付油污应该先下手为强，做完饭后立刻清除。因此，厨房清洁重在日常维护。

而在进行间隔扫除时，建议把厨房台面上和橱柜里的东西都清空，然后按照从里到外的顺序都擦一遍。同时借此机会把橱柜里的整理收纳工作也认真做一下。整理和清洁同样重要。

针对厨房清洁的几个重点部位，建议采用以下方案。

1.抽油烟机

论难打理的程度，抽油烟机排在首位。处理这个问题，如果预算足够，首推蒸汽清洗机。它是利用高温、高压蒸汽，来进行表面清洁杀菌，消除顽固的污渍油渍。无须化学试剂，对清洁物品几乎零损伤。如果条件不具备，也可以使用"挂烫机＋厨房湿巾"进行替代（图1.3.1）。

第一单元　生活管理

开启蒸汽清洗机或挂烫机，使蒸汽均匀地覆盖在抽油烟机表面。然后，趁热用厨房湿巾迅速擦一遍抽油烟机表面。

不推荐用抹布代替厨房湿巾，因为擦过油污的抹布很难洗净，基本无法再次利用。厨房湿巾虽然是一次性用品，但我们可以充分利用，尽可能减少浪费，先用来擦轻度油污，比如台面、灶台，最后让它对付抽油烟机。

除了清洁抽油烟机表面，储油盒也是不可忽视的部分，它是最难清洁的，长期使用不仅装满油污，盒底还沉积顽垢，因此它的打理思路应该是"事前预防"。具体可采用以下方案。

方案 1：利用"湿巾或者保鲜膜"

首先，对油盒进行彻底的清洁。然后，把湿巾或者保鲜膜，叠成比油盒底部略大的形状，铺在油盒底部，等纸巾或者保鲜膜盛满了油，直接把它们扔掉即可。这样可以有效避免油污在油盒底部的沉积，方便清洗。

图 1.3.1

方案 2：铺上洗洁精

先彻底清洁储油盒，然后内外抹上一层洗洁精，以形成保护膜。等到下一次清洁时，你会惊喜地发现，储油盒无论用了多久，取下来清洗时都像洗碗一样简单。

2. 煤气灶及附近墙面

煤气灶及附近墙面，是除了抽油烟机以外的另一个厨房油污重灾区。处理这一部位的清洁原则是注重及时处理。做饭后可利用余热把污垢擦干净。处理开锅后溢出的液体或溅出的油渍，可以利用其在未冷却时容易清除的特点，及时清理干净。为了避免烫伤，可用旧筷子和碎旧布进行擦洗，既可以保护双手，也可免去清洗工具（图1.3.2）。

图 1.3.2

这招"余热法"和前面提到的"蒸汽法"其实同理，都是通过较高的温度让油达到熔点，使物品更容易清洁。

在烹饪时，如果出现煤气灶烧焦的情况或者开锅后溢出菜汤或油渍，一定要及时处理，因为这种污渍随着时间的推移会逐渐碳化。如果不慎碳化，就必须涂上专用的清洗剂，浸泡一段时间后，用硬刷子沾水刷洗。

3. 橱柜、瓷砖

至于橱柜、瓷砖的角角落落，可以使用小苏打兑水擦拭后再用清水擦净。污渍顽固的地方可以直接使用苏打粉，例如发黑的瓷砖缝隙，撒上苏打粉，再用牙刷一刷，湿抹布或湿拖把一擦，也能白得很彻底（图1.3.3）。

清洁前　　　　　　清洁后

图 1.3.3

4. 神奇的柠檬

用途一：盐 + 柠檬 = 杀菌去渍

柠檬不仅气味芳香，营养丰富，而且具备清洁功效。用柠檬来清洁厨房用具安全卫生。

砧板用久了，很容易发霉发黑，严重危害健康。即使日常维护较好，砧板上那些深深浅浅的刀痕里也容易残留各种细菌。要想安全彻底地进行砧板清洁，不妨试试盐加柠檬的办法。

如图 1.3.4 所示，先在砧板上大略地撒上一层薄薄的食盐，再取半个柠檬沾上盐，擦拭砧板。柠檬酸能分解油渍，盐则负责杀菌和吸附脏东西。最后用水冲洗干净，在太阳下彻底晒干。

图 1.3.4

用途二：水 + 柠檬 + 加热 = 去渍

烧煳了的电饭锅底很难清理，推荐使用柠檬煮水的方式处理。步骤如下：将一整个柠檬切成 2~3 mm 厚的薄片，放入电饭煲；然后加水煮 30 分钟，可根据锅底的焦煳情况适当延长时间，但要注意防止干烧；最后倒出柠檬水，用抹布轻擦，锅底基本能焕然一新。

用途三：水 + 柠檬 + 加热 = 搞定微波炉

将柠檬对半切开或切片，放入一个微波炉专用碗中，再加适量清水。然后将碗放入微波炉用中火加热两分钟，取出碗后，擦拭微波炉内部。

用途四：柠檬去水渍

水龙头上积聚的水渍也可以使用柠檬进行处理。取一片新鲜的柠檬在水龙头上，擦拭几次，水渍便能清除。如果购买不便，可以用白醋代替柠檬。它们都属于可以食用的弱酸，在功效上比较接近。

（二）客厅、卧室

客厅和卧室等生活空间最基本的清洁任务是去灰打扫，在进行间隔扫除时应结合各个生活空间的特点，有针对地进行清洁。

1. 家具清洁

（1）正确维护

家具表面应使用纯棉干软布轻轻拭去浮尘，每隔一段时间，用拧干水分的湿棉布将家具犄角旮旯处的积尘细细揩净，再用洁净的干软细棉布擦，并定期涂上少许的家具光亮蜡。

肥皂水、洗洁精等清洁产品不仅不能有效地去除堆积在家具表面的灰尘，而且还具有一定的腐蚀性，会损伤家具表面，使家具的漆面变得黯淡无光。

同时，如果水分渗透到木材里，会导致木材发霉或局部变形，减短使用寿命。现在很多家具都是纤维板机器压制成的，如果有水分渗透进去了，头两年因为甲醛等添加剂尚未彻底挥发完毕，家具不容易发霉；但是一旦添加剂挥发之后，渗入的潮气就会引发家具发霉，如果居住的楼层较低，家具就有可能每年黄梅天都"霉"一场。

这里还要提醒大家，即使有些家具表面用的是钢琴漆涂层，可以用清水适当擦洗，但抹布也不宜过分潮湿，更不要将湿抹布长时间留置在家具表面上，以免湿气渗入木材里。

（2）区分清洁

清洁擦拭家具，应对污渍进行区分，有针对地进行清洁。木制家具怕水，因此平时要用干软布擦拭表面，及时清除污渍。

对于积累了一段时间的污渍，可用半湿毛巾擦除。顽固污渍应使用专业清洁剂擦拭，注意污渍擦净后，一定要用湿毛巾把残留的清洁剂擦净，再用柔软的干毛巾彻底擦干。

容易落灰的藤制家具可以先用吸尘器除去大部分灰尘，再用软毛刷进行局部清洁。对于表面凹凸不平的家具，可用筷子顶在软布上，顺着纹理进行擦拭（图 1.3.5）。

图 1.3.5

（3）巧妙维持

由于城市空气质量不佳等原因，我们常会有这样的烦恼：每次好不容易把地板、家具及电器擦洗洁净了，没多久就又落满灰尘。对此可以借助衣物柔顺剂来解决。

在完成基础清洁后，再用柔软的毛巾蘸取加水稀释20倍的柔顺剂擦拭家具。通过这样的处理，在同等空气质量下，家具落灰周期大大延长，清洁频率直线下降。这是因为清洁家具时的摩擦会产生静电，吸附空气中的灰尘。而柔顺剂能够去除静电，减少灰尘吸附。

2. 沙发

沙发种类繁多，对于木制沙发的清洁养护可以参考家具类的处理方法，而皮质沙发和布艺沙发则应区别对待。清洁皮质沙发建议使用专业清洁剂，按照产品说明进行清洁保养，切勿迷信偏方。因为皮质沙发较为娇贵，保养不当会大大折损使用价值。

可拆卸的布艺沙发清洁方法比较简单，但是拆装沙发套也是一个非常费时费力的工作。与其积攒了污垢一起处理，不如加强日常维护。

想要既不拆沙发，又能有效清洁，最好的方法当推使用吸尘器。此外，再推荐一个便宜又好用的清洁小妙招。

我们需要准备棍子和酒精，辅以毛巾、手套。实际操作时，先制作浓度为70%的酒精，装入喷壶均匀喷洒在毛巾上，再把毛巾平铺在沙发上，用棍子拍打，脏东西就会吸附在毛巾上。而手套则用来对付藏污纳垢的缝隙，把浓度为70%的酒精均匀喷洒在手套上，戴好手套，在沙发缝隙内来回擦拭即可。虽然这个办法的效果稍逊于吸尘器，但胜在操作方便，更有利于经常进行维护，而酒精也起到了消毒的作用。至于布艺沙发上的顽固污渍建议采用专用清洁剂，高效又安全。

在所有环节中"除尘"是基础，基本每周打扫都要做；而"去污渍"和"专业清洁"则属于补救环节。

3. 窗帘

窗帘属于家居软装中的大件，如果不愿意花费太多精力维护，建议选择可机洗的产品。对于不能机洗的窗帘，可以使用挂烫机，先用蒸汽消毒，再用湿布擦拭。有些特殊材质如天鹅绒则需要使用专用清洁剂，洗净晾晒。

大件窗帘要手动漂洗非常辛苦，建议在购买之初考虑清楚，是否可以接受这一点。

4. 玻璃

玻璃容易残留手印污渍。如果不是特别脏，可以使用玻璃清洁剂擦拭。还可以擦玻璃前在玻璃旁放置热水，等玻璃蒙上水蒸气后再擦，简单方便。

如果玻璃上粘有陈迹和油污，可用软布滴上少许白酒，轻轻擦拭，很快就会光洁明亮。

至于窗户外部的玻璃，请委托专业人士。

（三）卫生间

卫生间长时间不清洁会出现三大问题：肥皂水渍、霉菌、坐便器泛黄。乍一听上去似乎处理起来有点麻烦，但经过之前厨房清洁的学习，你会发现，其实只需要白醋和小苏打即可解决。

1. 镜子或淋浴房的水渍

可以用小苏打兑水制成1∶500的混合溶液，喷洒后擦拭即可。如果是淋浴门上长年沉积的水渍，可以在抹布上再加点白醋，来回擦拭即可去除。

2. 湿气太重长出的霉斑

将小苏打和水以1∶1的比例调成糊状后，用牙刷或百洁布蘸取进行刷洗即可。严重的地方可以直接用小苏打进行刷洗。

3. 坐便器清洁

养成每次方便之后立刻用卫生纸擦净坐便器的好习惯。

养成定期清洁坐便器的习惯，可用喷雾器将洗涤剂喷在坐便器上，用抹布或纸巾进行清洁（图1.3.6）。坐便器盖子的折叠处是卫生死角，较难清理，可用抹布包住尖头筷子或竹签进行清理（图1.3.7）。

图 1.3.6

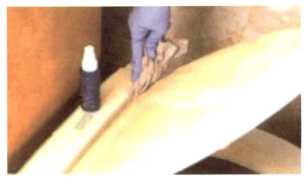
图 1.3.7

坐便器内用久了总会出现出水口泛黄以及底部泛黄的情况，依然可以靠小苏打来解决。在污垢处撒上足以覆盖脏污区域的小苏打，再喷上1∶1的白醋与水的稀释液，盖上马桶盖闷泡数分钟，最后用热水冲洗。

整洁的家能使人心情愉悦、神清气爽，更能够充分体现出主人的素养。因此，在日常生活中要养成发现污渍立刻清理的好习惯，并定期进行清洁。

4.洗手盆

洗手盆内及周围的清洁，可以使用经过特殊加工的海绵，在海绵上剪出一个小口，放入一小块用剩的肥皂，海绵蘸点水就可以立即使用了。水池上的龙头如有污渍可以使用旧牙刷，蘸上牙膏刷洗，用水冲净，最后擦干（图1.3.8）。

图 1.3.8

练 习

1.搜集家居清洁的小妙招，整理成文。
2.彻底打扫自己的房间或宿舍，完成任务后分享3张以上打扫后的居室图片。

课外拓展

生活小妙招

一、自制清洁液

进行大扫除时，我们经常会感叹抽油烟机最难清洗，肥皂盒用牙刷怎么也刷不干净，桌上的污渍难以去除，面对这么多难题到底怎么办呢？选择一款有效的清洁剂是当务之急。可是市场上的清洁剂种类繁多，令人眼花缭乱。即使买到了有效的产品，我们也常常担心它是否环保健康。其实，家中常见的一些物品按照一定的调配就可以自制清洁剂，不仅彻底解决清洗难题，而且环保无污染。

1.自制除油清洁剂

将面粉、洗衣粉、白醋、白酒（也可以用医用酒精替代）按0.5∶1∶2∶3的比例混合，一般用量为放入半勺面粉、一勺洗衣粉、两勺白醋、三勺白酒，然后加水摇匀。水的用量应根据油污的程度进行调节，油污越多加水越少。制成后可保存一星期左右。

以清洁油壶为例，瓶内倒入清洁液，约占瓶子容量的五分之一。在刷子上放一块小抹布，伸入瓶中进行刷洗。刷完瓶子内壁，取出刷子，用小抹布直接擦洗瓶口，擦洗后倒出清洁液，用清水冲干净即可。

此清洁剂也可以用来清洁抽油烟机的储油盒，将清洁剂倒入储油盒，用百洁布进行来回擦拭，约2分钟。倒出清洁剂后，用清水冲干净，再用干纸巾擦拭，可使储油盒洁净如新。然后按照油盒底部的大小垫上一张折叠的纸巾或者保鲜膜便于日后维护。

2. 自制万能清洁液

将盐和白醋按照1∶3的比例进行混合，白醋和食盐均具有去垢杀菌的作用。这款清洁液没有任何化学成分，安全环保，还不伤手。可用于肥皂盒、瓷砖、塑料脸盆上的污垢和水渍。

以清洁肥皂盒为例，长时间使用的肥皂盒污垢难以清除，不须任何浸泡，直接使用万能清洁液刷洗，10秒钟时间污垢便被轻松去除。

二、制作清洁工具

1. 制作清洁棒

把用旧的长筷子的尖端绑上抹布，用皮筋固定，就成了擦平面的圆头清洁棒，也可以制作成用来擦边角处的尖头清洁棒。

以清除烤箱里的污渍为例，把圆头清洁棒打湿，蘸上清洁剂，可以用来擦拭烤箱内壁的污垢。烤箱的四边和角落里的污渍，可以用尖头清洁棒蘸上清洁剂擦净。

由于烤箱不能冲洗，可以用湿毛巾和干毛巾擦几遍，晾干。

2. 制作"半湿毛巾"

将毛巾的三分之一部分用水浸湿，把浸湿的部分尽量拧干。

展开毛巾，把浸湿的部分折进里面，然后把干的部分折在外面。双手拍打毛巾，使水分均匀。可用于一般的日常保洁。

3. 制作"丝袜抹布"

将一只长筒袜从袜子的脚尖约20 cm处剪下，将剩余的长筒袜揉成一团塞入剪下的脚尖部分。最后将袜口处绑紧。可用于擦拭怕磨损的木制家具。

第二单元

居室美化

第一节 规划与风格

一、功能和规划

家庭成员是住宅居室的主体活动者，居室的功能就要满足家庭成员日常家居活动的各种需要。虽然不同建筑的居室格局有所不同，但其基本的要求都是要满足吃喝、睡眠、卫生、学习和娱乐等活动的需求。按照这些需求对居室进行合理的规划是非常重要的。对居室的规划要坚持以下原则。

（一）功能分区

这是指不同的生活功能要有不同的活动空间。例如：会客要有客厅，睡眠要有卧室，洗漱要有卫生间，烹饪要有厨房，存物要有贮藏室，入口要有门厅，想接近大自然要有阳台，等等。一个好的户型应为居住者提供这些必要的使用空间，以满足现代生活多样的需要。

住宅的使用功能虽然简单，却不能随意混淆。简言之，住宅一般有如下几个分区：一是公共生活区，供起居、会客使用，如客厅、餐厅、门厅等；二是私密休息区，供处理私人事务、睡眠、休息用，如卧室、书房、保姆房等；三是辅助区，供以上两部分的辅助、支持用，如厨房、卫生间、贮藏室、健身房、阳台等。

这些分区各有明确的使用功能，既有动静的区别，又有小环境的要求。在平面设计上，应正确处理这三个功能区的关系，使之使用合理而不相互干扰。

由于城市住宅大多面积有限，人们往往会产生"房子太小不够住"的念头。为了多快好省地解决空间有限的问题，最有效的办法就是"功能叠加"。

所谓"功能叠加"就是用功能的概念规划房间，赋予一个房间多重功能。例如：会客、办公、休闲等低隐私的功能可以安排在客厅这一公共区域。如果居室面积有限，家具也可以进行功能叠加，一张大桌子既可以是餐桌，也可以是孩子做作业的书桌、父母加班时的电脑桌。这样充分挖掘一张桌子的功能，使它在全天都能派上用场。

（二）干湿分离

干湿分离不仅是指将厨房、卫生间等带水、易脏的房间与精心装修、怕水怕脏的卧室等分开，更是卫浴设计中比较流行的一个设计概念。其中干是指洗手台，湿是指浴室。浴室的干湿分离包括洗手台、浴室的分离，或者淋浴区与坐便器、洗手台的分离。

以卫生间为例，图 2.1.1 所示是我们常常会碰到的洗手间格局，无法满足家人同时洗漱和如厕的需求。只需要把轻质墙和门的位置往里移到洗漱台和马桶之间，洗漱台就被分出来了（图 2.1.2），有了像这样的独立洗漱台，上厕所与洗脸分区进行，再也不用再担心发生洗手间抢夺大战了。

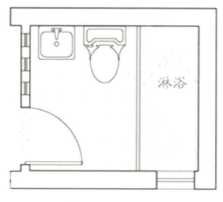

图 2.1.1

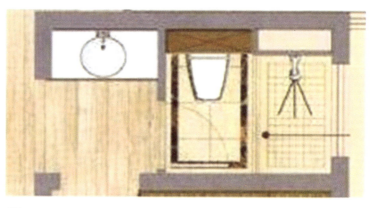

图 2.1.2

（三）动线合理

"动线"概念最早出现在 1869 年劳拉·莱曼《家务哲学》一书中。书中写道："设计厨房时，首先要考虑的就是要减少所需步数。"

由此可见，"动线"就是人为了完成一系列动作所走的路。动线越短，处理生活日常事务的效率就越高。家庭的动线一般可以分成三条，分别为：居住动线、家务动线和访客动线。值得注意的是，为了保护家人隐私，访客动线应尽量与日常起居动线区分开。

以图 2.1.3 为例，改造前，三条动线两两交织。从厨房到餐厅不仅路线长，而且过道狭小，家务动线与居住动线重叠过多，极为不便。访客动线最大的问题是：进门第一眼看到的就是卫生间，隐私一览无余。

改造后，原来卫生间的位置成了厨房。这一改造不仅大大缩短了家务动线，而且厨房门洞扩大，来去自如。访客动线也得到了优化，入户直接拐进客厅。设置了专门的卫生间供客人使用，充分保证了主人的隐私。

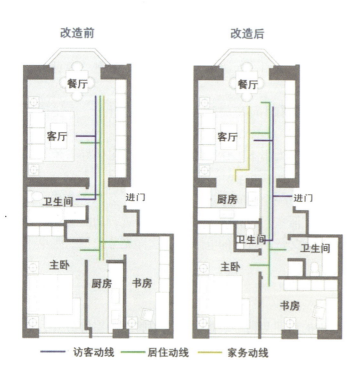

图 2.1.3

在讲究效率的今天,动线研究已成为减轻家务负担的重要课题。在规划居室之前,多多思考你在家的动线习惯,即使是再小的户型,经过合理的动线规划,也可以变得舒适起来。

二、居室主流风格

(一)北欧风

北欧风,泛指北欧五国,即丹麦、瑞典、挪威、芬兰和冰岛的设计风格。北欧风色彩简洁明快,代表色为黑、白、灰,采用原始天然材料,线条明朗流畅,不事雕琢。

北欧风可分为自然风和现代风。

1. 北欧自然风

特点: 柔和、自然、朴素、沉静。
色彩: 白色、灰色、大地色等。
材质: 编织、木材、棉麻、板材。

在北欧自然风中,白墙是极具代表性的,搭配棕色、亚麻色、褐色等大地色彩能营造出更清爽舒适的空间质感(图2.1.4)。

北欧风的色彩主要来源于自然的材质,大地色主要体现为棕色、亚麻色、褐色等,通常由木制品来体现。常用的树种有桦木、杉木、榉木和白蜡木(图2.1.5)。

图 2.1.4

桦木　　　杉木　　　榉木　　　白蜡木

图 2.1.5

图 2.1.6

在北欧自然风的设计中，通常使用开放漆和半开放漆工艺的家具，保留木材的天然木纹和木纹的肌理触感，凸显朴实自然的美感（图 2.1.6）。

此外，编织工艺在家具中的使用也是北欧风的另一特色，细腻富有弹性的编织椅面与冷峻的钢结构结合，既有流畅的现代感线条，又流露出惬意舒适的自然格调。

2. 北欧现代风

特点：色彩鲜明，材质现代，图案活泼。

色彩：以深色为主，加入红黄蓝色系，注重与黑白形成对比。

材质：引用了现代的皮、钢、玻璃钢等元素。

北欧现代风保留了经典的黑、白、灰色调，并加入了更具现代感的跳跃色彩。在使用木材的同时，增加了铁艺、亚克力、不锈钢、玻璃等现代材质元素，多元的视觉体验使空间也变得更丰富有趣（图 2.1.7）。

几何图案也是北欧现代风的常见元素之一，主要应用在地毯、盖巾和抱枕等室内软装上，此外，用黑色填缝剂勾勒的黑白方格瓷砖墙，也是几何图案的体现（图 2.1.8）。

图 2.1.7

图 2.1.8

值得注意的是，北欧现代风与传统的自然风并不割裂，而是一种延伸。打造北欧风时，重在做好黑、白、灰和木色调的基础硬装，之后可根据生活需要和个人喜好挑选具有风格特色的软装，实现两种风格的灵活转变（图 2.1.9）。

图 2.1.9

（二）新中式

虽说北欧风大行其道，但热爱中国传统文化的人难免会觉得美中不足。于是把我国传统家居设计以现代的方式加以呈现，新中式因此应运而生。

新中式风格在设计上延续了明式家居理念，将经典元素与现代生活相融合，使家具形态更简洁清秀，空间配色也更轻松自然。

1. 源于明式的新中式家具

明代文人较之前代，更加追求闲情逸致，积极地参与到生活方式的经营中。这就使得明式家具更富有高雅的情调，因此，明式家具被公认为世界家具三大范式（明式、哥特式和洛可可式）之首。

初次接触明式家具，会发现它与现代欧式家具有很多相似之处。事实上，明式家具不仅为西方现代家具提供了大量的可借鉴元素，更直接催生了如今盛行的北欧"极简主义"。20 世纪 40 年代，丹麦人汉斯·威格纳受画作《坐在明代椅上的丹麦商人》启发，设计出了"中国椅"（图2.1.10），推动北欧家具风格走向极简主义，并影响到其他北欧设计师，逐渐形成"极简主义""后现代"等席卷全球的时尚之风。

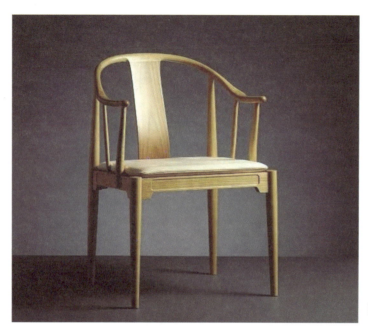

图2.1.10

图2.1.11

明式家具作为现代时尚家具的鼻祖，禁得住各种时尚变化，成为全球公认的艺术品。新中式家具以明式为原型，经过改良形成自己的特色：

一是细——纤细的线条，流畅简练富有美感；二是轻——体态轻盈，装饰素雅；三是圆润——边角圆，材质润，原木上一层薄薄的清漆。

如果预算有限，可以选择最具代表性的桌椅或柜子（图2.1.11），这样就可以形成新中式的基本雏形了，后期再辅以具有中式风格的软装即可。

2. 取自国画精髓的留白

留白原是国画中的精髓，是指在书画创作中，为使整个作品画面、章法更加协调精美而有意留下相应的空白，给观者以无穷的想象空间。它拓宽了空间的层次布局，给人留下遐想的余地。到现代，留白被设计师们大量用于空间设计。恰到好处的留白拓宽了空间的层次与布局，给人带来意犹未尽的意蕴（图2.1.12）。所以，留白是打造新中式家的第一步：白色的墙、灰色的砖都可以成为实现留白的凭借。

3. 神来之笔的造景

如果说留白和新中式家具是新中式的"形"，那么妙趣横生的造景则是新中式的"神"。

中国的传统园林造景，讲究"虽由人作，宛自天开"。园林造景可以通过挖湖堆山、建楼造阁实现，现代居室虽面积有限，但仍可借鉴园林造景的一些思路。如在设计中加入借景或框景的概念，并以花艺软装等装饰加以辅助，一样可以实现"有自然之理，得自然之趣"（图2.1.13）。

借景是古典园林中常用的构景手段。园林的面积和空间有限，为了扩大空间，丰富游赏的内容，造园者有意识地把园外的景物"借"到园内视景范围中来，以提高园林艺术的质量。如北京颐和园中万寿山西侧山坡上的"湖山真意"亭。远借西山为背景，近借玉泉山，在夕阳西下、落霞满天时赏景，景象曼妙。

对于日常居室而言，借景最简单的方式莫过于借助窗外自然美景，静享四季轮换。如果室外自然条件有限，则可通过在室内摆放镜子、花艺、盆景等装饰品进行补充。这样的点缀不需多，有时候一枝梅花或几秆芦苇，甚至一把干枝，都可以起到画龙点睛的作用。要注意的是，花艺的高度要与人的视点等高，这样才会更为赏心悦目。

图 2.1.12

图 2.1.13

框景是中国古典园林中最富代表性的造园手法。造园者利用门框、窗框、树框、山洞等，有选择地摄取空间的优美景色，使之犹如嵌入镜框中的图画（图 2.1.14）。如果室内空间足够，可以尝试苏州园林中经典的花窗、月洞门和镂空隔断，即使再简单的布置，透过玲珑的花窗、隔断或优美的门洞来欣赏，也会平添几许艺术美感。此外，花窗和镂空隔断的设置也有利于营造室内空间的通透感（图 2.1.15 和图 2.1.16）。

这样一个新中式的家，把山水移入家中，一切简单而富足，会收获更多的幸福感。

图 2.1.14

图 2.1.15

图 2.1.16

练 习

● 判断以下图片的家居风格，并简述理由。

课外拓展

我的家，我的风格

装修市场里流行着很多家装风格，例如北欧风、日式、欧式、新中式等，令人眼花缭乱。看着精美的效果图，常常很心动，可实际操作之后却发现：北欧风咋冰冷得像医院，完全没有家的温馨感；欧式风怎么感觉是把酒店大堂搬进了家里？

其实在选择风格前应该先明确一个问题，即每种风格都不是凭空想象而成的，而是为了适应当地的气候、景观、人文等因素而形成的。例如，北欧地区的人们向来有自己动手做家具的习惯，而且北欧极夜长，自然景观丰富，使得人们在家居装饰上用色大胆、具有鲜明个性。北欧风并不是有些人印象中的"冷淡风"。欧式风格其实是个伪概念，欧洲包含了48个国家和地区，这些国家的审美各不相同，无法归类在同一个"欧式"概念内。新中式也并不等于传统的中式，而是一种古今结合，尚未完全定型的风格。如果对这些因素没有真正的理解，是很难做出选择的。

即使是做足功课，确定了某一种风格后，也请不要急着开动。静下心来，认真地问问自己：是不是非这个风格不可？有没有充沛的精力和充足的财力支持，来打造一个纯正的风格化的家？因为将纯正的风格照搬回家是一件非常具有挑战性的事。

首先，每种风格都是建立在一定的地理条件和文化背景之下的。例如，国外房屋的户型结构、门窗比例等都是按照当地的法规、气候和生活习惯设计的，想直接照搬是不可能的。家装美图里很现代化的开放式厨房有可能很难通过国内的燃气安全检测。因此，我们只能根据现有的条件进行改良。要想保留原有的风格特色又符合实际需求，要求太高，普通人难以做到。

其次，实现纯正的风格复制的经济成本过高。有的人因为一次旅行、一段异国生活，想要在家里完整演绎出纯正的巴黎优雅风、老上海租界风等，为了实现视觉的纯正，满足挑剔的审美，甚至不惜千里迢迢从巴黎买一个门把手，不远万里特地从专门厂家定制一条踢脚线。但相信90%的人没有这样的执着，也没有这样的预算。

因此，纯正风格只是一部分人的需求。对于大众而言，这个居室之所以成为自己的家，是因为它让自己感到温暖舒适，处处符合自己的生活习惯和审美情趣。盲目追求潮流，模仿别人的风格，不一定会给自己带来家的感觉。

套用一句俗话：适合自己的，才是最好的。只要设计合理、搭配和谐，余下的部分就纯粹是个人喜好了。想要使自己的家住得方便、看着漂亮，我们要做的就是多留心生活细节，多看优秀的案例。在真正打造自己的理想家园时，不浮夸、不浪费，强化功能、简约大方。

第二节 色彩与装饰

色彩在居室装饰中起着非常重要的作用。如何通过色彩的统一变化，营造一个和谐美观而又独具特色的家居环境，是体现屋室主人文化修养的一个重要方面。要想实现个人喜好与色彩规则的完美结合，需要注意以下方面。

一、色彩基础知识

（一）色彩的范畴

色彩丰富多样，能够直接影响人的感情，可以大致分为两类，一类是红、黄、蓝三原色所构成的有彩色系（图2.2.1），另一类是黑、白、灰所构成的无彩色系（图2.2.2）。

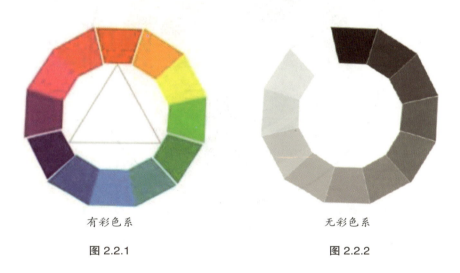

有彩色系　　　　　　　无彩色系

图2.2.1　　　　　　　图2.2.2

1.有彩色系

有彩色系是以光谱上呈现出的红、橙、黄、绿、青、蓝、紫为基本色，基本色之间不同量的混合，以及基本色与黑、白、灰色不同量的混合，调出了成千上万种颜色。

2.无彩色系

无彩色系包括白色、黑色和由白色黑色调和而成的各种深浅不同的灰色。虽然从物理学角度上来说，可见光谱中并不包括无彩色系，但无彩色系在心理学上有着完整的色彩性质，在色彩体系中也扮演着重要的角色。黑、白、灰使空间色彩搭配更为简便，几乎不用考虑色彩之间的调和问题，而且无彩色系对心理状态没有干扰，身处其中的人们容易保持冷静，因此深受崇尚理性的人们喜爱。

（二）色彩的三大属性

色相、明度、纯度被称为色彩的三大属性，是色彩最重要的三个要素，也是最稳定的要素。它们虽相对独立，但又相互关联、相互制约。只有有彩色系才具有色彩三要素：色相、明度和纯度，无彩色系只有一种基本属性，即明度。

1. 色相——暖色、冷色

色相，即各类色彩不同的相貌，是色彩的首要特征，也是区别不同色彩的最准确的标准。色彩因色相不同，而使人产生温暖或寒冷的感觉。如图2.2.3所示，使人有温暖、热烈、激情、兴奋之感的色彩是暖色，如红色、橙色等；使人有凉爽、寒冷、平稳、理性之感的色彩是冷色，如青色、蓝色等。

我们判断一个物品是红色、黄色或者是介于两者中间的橘红色，主要是取决于这个颜色中所含三原色的比例，也就是色相。

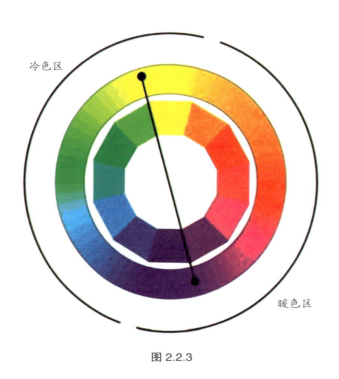

图 2.2.3

2. 明度——深色、浅色

色彩的第二特质是明度，也就是颜色的明暗、深浅程度。白色明度最高，黑色明度最低。无彩色和有彩色通过加白加黑都能形成不同的明度。不同明度的色彩往往给人以轻重不同的感觉。颜色浅，明度高，给人以上升、轻巧的感觉；颜色深，明度低，会给人以下降、垂落之感。试比较图2.2.4和图 2.2.5。

图 2.2.4

图 2.2.5

3. 纯度——亮色、浊色

色彩的第三个重要属性就是纯度，通常也称为彩度或色彩饱和度，它是指色彩的纯净程度，用来表示颜色中所含有色成分的比例。某一纯净色加上白或黑，可降低其纯度，或趋于柔和，或趋于沉重。一般将纯度按加入黑或白的分量的多少分为高纯度色、中纯度色和低纯度色。

观察图 2.2.6 中明度与彩度的坐标图，可以看出右上角的颜色偏浅而左下角的偏深。其中近两年比较流行的"脏粉色"，就是在红色的基础上叠加了浅灰色形成的，而红加白形成的粉红色明显比它更为鲜亮。

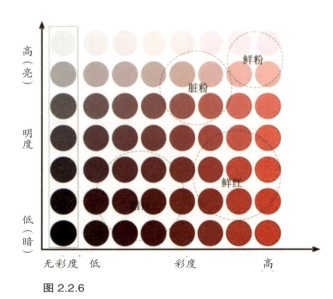

图 2.2.6

（三）色相环基础知识

色相环是一种圆形排列的色相光谱，色彩是按照光谱在自然中出现的顺序来排列的。

如图 2.2.7 所示，以 24 色色相环为例，在色相环上任意角度在 30° 以内的颜色，各色之间含有共同色素，称为类似色。相距 60° 以内的两种颜色称为邻近色，相距 90° 以内的称为中差色，相距 120° 到 180° 的两种颜色，称为对比色，而色相环中相距 180° 的两种颜色被称为互补色。互补色出现在彼此相对的位置上。

色相环上比较靠近的颜色搭配起来就属于同类色对比，色调统一，和谐柔和。相距远的颜色，尤其是超过 60° 至 130° 的相对应的颜色，搭配起来会有对比鲜明、刺激的效果。

图 2.2.7

二、黄金配色公式

很多生活达人都推荐在装饰居所之前多看家居设计图库，以便找到自己喜欢的配色。可是往往阅图无数却始终不得章法。对于没有美术功底，也没有设计基础的普通人，看到一张配色和谐的家居图，常常只知道图片中的配色非常美，却不知其为什么这么好看。

其实拥有了配色的基础知识，再掌握配色的秘诀，就拥有了四两拨千斤的力量。大师级别的配色秘诀总结起来就是：大道至简。较常用的一个配色公式是 7∶2.5∶0.5。

（一）什么是 7∶2.5∶0.5

"7∶2.5∶0.5" 是指一个空间里要包含三种配色调：基础色、主配色、强调色，在家居空间及其中的软装、硬装的配色中，基础色占 70%、主配色占 25%、强调色占 5%，这个比例能使整个家的配色十分和谐。

（二）70% 基础色：天花板 + 墙壁 + 地板

天花板、墙壁、地板是构成一个空间的最基本要素，这些基础色决定了整个空间的风格，也是首要确定好的颜色。如图 2.2.8 所示，基础色以两种颜色为主，一般不会超出三种。多数情况下，需要浅色系的基础色给人清新或清淡之感，深色系的基础色显得稳重有质感，容易搭配出高级感，但同时也会让空间变得紧凑和狭窄。对于小户型或采光不好的家，更推荐浅色系的基础色，能使空间开阔，更好驾驭。

图 2.2.8

（三）25% 主配色：大件家具 + 地毯 + 木装饰 + 纺织品

主配色的视觉地位仅次于面积庞大的基础色，拥有调节空间颜色平衡的作用，也常被称作调和色，主要运用在沙发、桌椅和柜体等大件家具，地毯、窗帘等面积较大的软装饰上（图 2.2.9）。恰当地选择主配色，能使居室空间更丰满，更有层次感。

主配色与基础色相搭配最简单的方法就是选用同一种色调，只要调节好同色调的深浅，就能有效避免空间色彩缺乏层次感的问题。如果想让空间色调更丰富，可以根据色相环，挑选与主色调有一定区别的颜色。

此外，主配色还可以弥补基础色不足带

图 2.2.9

来的遗憾。比如，不喜欢家里原来的地板了，重新铺上新地板的话费钱又耗时。这时，一块品质上乘、色彩协调的地毯，就能让你的家焕然一新。

（四）5% 强调色：装饰品 + 艺术品 + 小摆件

尽管强调色只占据整个空间的 5%，但一定是你进门第一眼就见到的重要角色，它不仅能起到点缀的作用，更能让空间有眼前一亮的冲击感。家居布置能不能吸引人，就靠这 5% 了。

可以选用一些亮丽的颜色作为强调色，给空间注入一股鲜活的生机。如果运用得当，挂画、绿植、靠枕、摆饰等小物品都能成为家居的点睛之笔（图 2.2.10）。

图 2.2.10

值得注意的是，5% 并不是一个精确、严格的参数，家里配色比例也无法精确到这种地步。另外，强调色不能随意挑选，必须能够与基础色、主配色和谐相融。一般情况下，当基础色和主配色的颜色与强调色的颜色互为补色时，强调色就能起到画龙点睛的作用。例如，图 2.2.11 中红色的千年木和绿色砖墙互为补色，整个空间显得更为灵动。

牢记 7∶2.5∶0.5 公式，多多学习色彩知识，观摩鉴赏经典搭配，你也可以打造令人羡慕的家。

图 2.2.11

练 习

1. 根据色彩搭配黄金法则，分析以下图片的配色。

2. 制订计划，尝试对自己的住处进行配色改良。

课外拓展

如何获得独一无二的家居装饰品

有些家庭在布置家居的时候，往往会在挑选装饰品时茫然无措，不管是挂名画还是挂照片，总觉得有一种样板房的即视感，不够温馨与独特。那么如何获得独一无二的家居装饰品，使你的家居布置能够既简单又时髦，还能与众不同、彰显品位，下面分享几个小技巧。

一、家里就有"天才小画家"

不要小看孩子，小朋友都拥有天马行空的想象力，他们有时一时技痒，还想在墙上画画，你不如给他画布和画笔，让他们自由涂鸦。如果想在家里挂画，不一定要去买名画或者装饰画，只要把孩子的画作裱起挂上，就能拥有独一无二的装饰品。

小朋友的画往往充满童趣、天真和随性，用色大胆，你可以将孩子画的大幅作品挂在客厅，再选择与画面中的颜色相呼应的其他配饰，这样就有和谐统一的美感，当然也可以选择黑白简笔画搭配家居的风格，不至于太突兀，客人来访时一眼看到这幅大画，还能趁机夸赞一下自己的娃，是不是一举两得？当然如果想要低调一点，也可以将画挂在书房或卧室，每次看到都能会心一笑，给我们的家带来更多的生活气息。

二、充满想象力的墙上装饰

家里没有"天才小画家"也没有关系，仍然可以将喜欢的东西裱起来挂上，可以是树叶贴画，可以是你特别喜欢的图片，可以是剪纸，也可以是家里人留下的颇有意义的便签……选用双层亚克力夹板，用五金螺丝拧紧就可以hold住较厚的纸张和织物，羽毛和树叶的纹理就是天然的画作，这些标新立异的墙上装饰还能根据不同的节日更换主题，可称得上是独一无二。

旅行时购买的民族风的衣服、丝巾、挎包，平时派不上用场，不要收在柜子里占地方了，都可以挂在墙上！客人来看到时，你还可以跟他分享一下你的旅途风景和趣事。只要你充满想象力，墙上的装饰绝对与众不同。

三、用亚克力盒子将小物件变身艺术品

除了扁平状的物品我们能用亚克力夹板裱起来上墙以外，立体的物品也可以装进亚克力盒子里，盒子大一点可以当茶几，小一点可以当装饰品，也能钉在墙上节省空间。比如小孩子的玩偶、老唱片、旅行纪念品等，不要再放在角落生灰了，赶紧拿出来将小物件变身艺术品。为优衣库推出新系列服装的设计师 Ines de la Fressange 就特别喜欢将鞋子装进亚克力盒中作为装饰，与老唱片结合，营造出如同博物馆专柜的精致感。

这三个装饰小技巧能让你的家变得独一无二，你会去尝试一下吗？

第三节 绿植养护

一、养护基本常识

绿植能够吸毒气，净空气，制造氧气和负离子，对于美化环境有着重要意义。爱花之人，一定要知道绿植花卉养护的基本常识。

（一）关注花卉对光的不同需求

1. 阳性花卉

这是一种需要充足的阳光照射才能开花的花卉，适合在全光照、强光照下生长。如果光照不足，就会生长发育不良，开花晚或不能开花，且花色不鲜，香气不浓。如玉兰（图 2.3.1）、月季、石榴、梅花、三色堇（图 2.3.2）、半枝莲（图 2.3.3）等。

图 2.3.1

图 2.3.2

图 2.3.3

2. 中性花卉

中性花卉对光的要求不高，对每天日照的时间长短并不敏感，不论是长日照还是短日照，都会正常现蕾开花。如天竺葵（图2.3.4）、石竹（图2.3.5）、苏铁（图2.3.6）等。

图2.3.4

图2.3.5

图2.3.6

3. 阴性花卉

阴性花卉呈鳞片状，比较耐阴。常绿阔叶花卉大多数是属于阴性或者半阴性的，比如万年青、龟背竹（图2.3.7）、秋海棠、山茶、白兰、杜鹃等。枝叶小且茂密的，多属于喜阴性花卉，如武竹（图2.3.8）、天门冬、南天竹等。叶面革质较强的，大多数属于耐阴的花卉，如常见的兰花、君子兰、橡皮树等（图2.3.9）。

图2.3.7

图2.3.8

图2.3.9

（二）关注绿植对光照的不同需求

1. 长日照植物

植物在生长发育过程中如果每天光照时数超过一定限度（14小时以上）才能形成花芽，光照时间越长，开花越早，凡具有这种特性的植物即称为长日照植物。例如天仙子（图2.3.10）、莳萝（图2.3.11）、高雪轮（图2.3.12）等，作物中有小麦等。

图 2.3.11

图 2.3.10

图 2.3.12

2. 短日照植物

短日照植物指只有当日照长度短于其临界日长时，花芽才能形成或促进花芽形成的植物；在自然界中，在日照比较短的季节里，花芽才能分化。常见的有苍耳、牵牛花、菊花等；作物中有水稻、大豆、玉米、烟草、麻和棉等。这类植物通常在早春或深秋开花。

3. 日中性植物

有一类植物只要其他条件合适，在什么日照条件下都能开花，如黄瓜、番茄、番薯、四季豆和蒲公英等，这类植物称为日中性植物。

（三）关注花卉对温度的不同需求

1. 耐寒花卉

耐寒花卉指的是在寒冷环境下依然可以维持正常生命活动的花卉，如海棠、榆叶梅、玉簪、丁香、萱草、紫藤等。

2. 半耐寒花卉

半耐寒花卉要求温度在5℃以上，如郁金香、月季、菊花、石榴、芍药等。

3. 不耐寒花卉

温室栽培的花卉均为不耐寒花卉，它们在温带寒冷地区不能越冬，必须有温室设备来满足生长上的需要。如武竹、一叶兰、鹤望兰、变叶木、一品红、扶桑、马蹄莲、多肉植物等。

（四）关注绿植对水分的需求

1. 注意水量

一般来说，给绿植浇水一定要一次性浇透，不可用洗碗水或带洗衣粉的水。

2. 注意水温

给绿植浇水要注意水温，不要骤凉骤寒。

3. 注意浇水时间

秋天浇水宜午浇，冬天浇水宜迟、晚浇，夏天依据盆土的湿度来确定多少天浇一次。浇水要注意依据节令、气象及植物的喜好去控制水量。

（五）关注绿植对土壤的需求

1. 乔木

选择排水良好且有腐熟的有机物混合的土壤，若是在春天还应该加入一定量的缓释肥，另外保证土壤的疏松透气，以利于其根系的扩张，最后可在表面铺一层树叶。

2. 灌木

注意表层土与腐熟的有机质混合，注意最后要将土压紧实，不要留下气孔，再浇透水并铺上一层腐熟的基质或者碎树皮来护根。

3. 攀缘植物

选用砂质土壤，并且加入大块的有机质，保证其保水性和肥力，让土壤变得更加疏松，一定保证给植物留有足够的生根空间。

4. 宿根植物

选择排水良好且有充足水分的肥沃土壤，可通过加入腐熟有机质来改善土壤，使其保水性增高，增加黏重土的孔隙还可以改善肥力。

5. 球根植物

球根植物的土壤需求没有统一的标准。有些喜欢排水良好的疏松土壤，有些喜欢湿润的黏重土壤，大多数喜欢中性或者偏碱性的土壤。

6. 配比一款合适的盆土

疏松的砂质土可以混入少量的黏土进行改良，而非常黏重的土壤则需要大量的泥石或沙子来改良。

在压紧的土壤或者黏土中可增添粪肥、堆肥以及石灰（但不要给喜酸的植物添加），通过促进土壤碎屑形成来改良土壤结构。

在粉砂土中增添少量黏土可以改良土壤结构，并使用粪肥和堆肥来形成碎屑。

添加剂的数量取决于土壤本身的条件，一般是添加大约 5~10 cm 厚的大块添加剂，特别是非有机复合物和保水凝胶的添加量更应该少。

常见的土壤添加剂有：蘑菇基质、粪肥、石灰、椰壳纤维、煤渣等。

（六）关注绿植对追肥的需求

追肥与换盆一样，需要讲究条件，不仅要看季节，还要看植物生长的表现，两者都要兼顾，在该追肥的时候，能起到促进生长、开花、结果的作用；反之，不看条件，盲目追肥，容易起反作用，轻则影响生长，导致肥害，重则会导致植物死亡。

1. 选择合适的气温

一般情况下，气温在 15℃ 至 30℃ 之间是适合追肥的；但当气温持续低于 15℃ 或者持续超过 30℃，追肥就要谨慎了，气温过低或过高，追肥后的风险就会增大，容易导致肥害。

2. 留意植物的生长状态

正常情况下，适宜追肥的阶段有生长期（氮肥为主）、花蕾期、结果期、球根或宿根植物的花后生长期（磷钾肥为主）。若植物刚刚移栽，处于缓苗恢复的状态，是不能过早给它追肥的，此时追肥反而会帮倒忙，影响它的缓苗恢复。总之，简单描述就是"不见新叶（蕾）不追肥"。

3. 运用正确的追肥方法

对于绝大多数盆栽植物，追施颗粒肥时，将花盆边缘的表土挖开，直接放入肥料，之后盖土浇透就可以了。

对于水溶性的肥料，可以按照说明书的比例，和部分水混合溶解之后，直接对植物叶面进行喷洒（叶面肥）或者直接溶解在水中，随水浇灌植物就可以了。

4. 掌握追肥的原则

（1）薄肥

薄肥指的是在没有掌握合适用量的时候，浓度尽量小一些（尽量按包装上说明去做，苗子太小可酌情减少）。

（2）勤施

勤施就是经常追肥的意思，"少食多餐"对植物生长最有利。但勤也要有个度，连续追肥至少要间隔一个多星期。不能今天用这个肥，明天用那个肥，追肥太过频繁，长期下去，超过植物忍受的限度，同样也会引起肥害；也不要一次性给它补充太多肥料，之后长期不给，这就相当于"喂得过饱，之后长期饿着"，这也是不可取的。

5. 特例

植物盛花期时对水肥、环境变化都很敏感。一般情况下，对于大部分有规律地开花、结果的植物，在盛花期基本上是不用追肥的；但是对于常年开花的草花类，如矮牛、天竺葵、石竹、太阳花等，在盛花期照样可以追肥。

以上讲的追肥方法适用于盆栽植物，尤其是观察气温情况这一点需要注意，一旦气温不合适（太冷或太热）最好不要追肥；但地栽植物对气温的要求就不那么严格，可适当放宽，完全可以看植物生长的情况确定是否追肥。

施肥不要在夏、秋季的中午进行，最好在下午无太阳光直射或傍晚进行，否则喷淋到叶面的肥料蒸发过快，叶片吸收不充分，也容易导致阳光灼伤叶片。

二、室内绿植摆放

比起功能性，绿植在家中更多的是起到装饰性的作用。其位置摆放、绿植大小，乃至造型、花盆，都颇有讲究。

（一）位置

在购买绿植之前，先要考虑好摆在家中的位置及数量。

除了书桌上、客厅的茶几、电视柜、餐桌、窗台这些常见摆放绿植的地方，我们还可以把目光往上移一下。家中单调的白墙，除了挂装饰字画，还可以考虑用绿植来进行美化。几盆悬挂在半空中的绿植，就能形成一道天然的风景，成为单调空间里最富有生命力的一抹亮色（图 2.3.13）。

图 2.3.13

（二）尺寸及造型

国画讲究留白，留白对于家居的空间布置来说，也是很重要的一点。

因此摆放绿植的时候，除了花架、窗台和墙面适合大面积布置外，其他位置则只需适当点缀，宜少不宜多，并且尽量不要和复杂的背景放置在一块。背景越简洁越能突出绿植之美。

在选择绿植尺寸的时候，虽然对植物大小并没有固定的标准，但摆放的时候，要留意绿植尺寸与周围环境是否协调。

如果是大株的绿植需要足够大的空间，否则会显得过于臃肿，挤压空间；小株的绿植则不宜摆放在空旷的位置，会变得过于微小，毫不起眼。还要考虑绿植和家具高度之间是否和谐，力求形成一种错落有致、高低变化的节奏美。

此外，绿植本身的造型也决定了它适合摆放的位置和形式。譬如吊兰、常春藤等植物拥有长长的藤蔓，悬挂于半空中或者摆放在隔板上就更能展现它舒展的姿态。而摆放在地面上的绿植，不仅需要合适的尺寸，更要注重其造型是否挺拔，是否具有视觉冲击力（图 2.3.14）。

图 2.3.14

（三）花盆

除了绿植本身，花盆也能起到另一种装饰作用，能使绿植与家中的装饰风格相贴合。

如果不确定要选什么花盆好，纯色的陶制、石制、瓦制的花盆无疑是最百搭的款式。这几类花盆干净古朴、低调有内涵，无论搭配什么风格，都不会出错。其中更推荐传统的瓦盆，透水透气，更利于植物生长（图 2.3.15）。

图 2.3.15

对于喜欢亲近自然的人而言，首选木制花盆（图2.3.16）。这类花盆一般是用原木制作的，也有的是用树脂仿制，种上植物后显得非常古朴自然，与新中式风格或者北欧风的契合度都不错。但是原木制作的花盆质地疏松，只适合栽种需水量较少的植物，总体来说使用寿命较短。因此更推荐树脂仿制的木花盆。

图 2.3.16

此外，竹筐或藤编花盆（图2.3.17），也是走自然风格的代表性装饰物，而且这类花盆用途广泛，不仅可以当作花盆使用，还可以收纳各种物品。值得注意的是，竹筐或藤编花盆不能直接栽种植物，一般可以在竹筐盆里套个小的塑料盆或是陶制盆当作花盆使用。

图 2.3.17

水泥花盆（图 2.3.18）是被北欧风带动起来的装饰新宠，它造型简约、色彩朴素，相较于瓦盆更具有浓郁的冷峻硬朗风格，与北欧风适配度很高。

图 2.3.18

玻璃花盆（图 2.3.19）一般用于水培植物，干净清爽，简单明快，能够与各种家居风格搭配，特别适合摆放在餐桌或书桌上，尤为赏心悦目。不过，使用这类花盆要注意定期清洁，保持盆水清洁，以防蚊虫滋生。

无论选择哪种花盆，都要从实用性的角度考虑，既要考虑花盆与居室的协调问题，更要考虑花盆本身是否足够透水透气，是否有利于植物生长。

图 2.3.19

（四）花架

如果热爱养花种草，又有时间和精力打理，希望在家里打造植物角的话，不妨考虑一下花架。

花架可以有效利用家里的空间，无论是阳台，还是客厅，只要一个小角落，就可以打造出一方非常具有观赏性的绿植景观。花架的摆放位置首先是阳台（图2.3.20），光照充足，适宜植物生长。如果摆放在客厅等室内，要注意按照植物的喜光程度定时搬去阳台晒太阳。如果阳台的空间不足，可以考虑用搁板把花架搭在阳台墙面上，或是用带钩的花盆，将绿植布置在阳台栏杆上，更能节省空间。

图 2.3.20

三、常见室内绿植

绿植是家居设计中十分重要的一个元素。绿植的运用，可以营造出温馨舒适的居家氛围。但是由于室内空气不流通、温度偏高、光照度不足等因素，并不是所有的植物都适合室内栽种。现在我们就来了解一下最适合室内种植的那些植物吧！

（一）金钱树

金钱树（图2.3.21），学名雪铁芋，是多年生常绿草本植物，原产于非洲东部雨量偏少的热带草原气候区。金钱树于1997年引入中国，是室内观叶植物，有净化室内空气的作用。

种植须知：

金钱树是一种非常好照料的植物，它天性喜干，每周只需浇水一次至二次。如果顶端的树叶有脱落现象，便是泥土过干的预警，但是切忌在盆内积水，这可能会导致整株树木从根部开始腐烂坏死。

金钱树畏寒冷，忌强光暴晒。喜欢半阴及年均温度变化小的环境，适宜在20℃至32℃生长。

图2.3.21

（二）虎尾兰

虎尾兰（图2.3.22）原产自非洲及中东地区，品种较多，株形和叶色变化较大，对环境的适应能力强。主要品种有金边虎尾兰、银脉虎尾兰。适合布置装饰书房、客厅、办公场所，观赏时间较长。

种植须知：

虎尾兰适应性强，性喜温暖湿润，耐干旱，喜光又耐阴。对土壤要求不严，以排水性较好的砂质壤土最佳。其生长适温为20℃至30℃，越冬温度为10℃。

虎尾兰只需要每两周到三周浇水一次，如果盆内土壤依然湿润，便可以延后浇灌。

图2.3.22

（三）龙血树

龙血树（图 2.3.23）又称"喜悦之树"，属于海岛热带植物。由于它下属的分支品种繁多，所以在景观市场上十分热门。它的特色在于具有围绕主干呈放射状展开的几乎针状的细长型树叶。树皮一旦被割破，便会流出殷红的汁液，犹如鲜血，因而得名。

种植须知：

龙血树喜高温多湿，喜光，光照充足，则叶片色彩艳丽。不耐寒，冬季适温约15℃，最低温度5℃至10℃。温度过低，因根系吸水不足，叶尖及叶缘会出现黄褐色斑块。龙血树喜疏松、排水良好、含腐殖质营养丰富的土壤。由于它是热带植物，所以在夏季需要至少每周浇水一次，在冬季可逐步减少浇水次数。

图 2.3.23

（四）散尾葵

散尾葵（图2.3.24）又名黄椰子、紫葵，为热带植物，喜温暖、潮湿、半阴环境。耐寒性不强，气温20℃以下叶子会发黄，越冬最低温度须在10℃以上，5℃左右就会冻死。

种植须知：

适宜疏松、排水良好、肥沃的土壤。浇水应根据季节遵循干透湿透的原则，干燥炎热的季节适当多浇，低温阴雨则控制浇水。平时保持盆土湿润。夏秋高温期，还要经常保持植株周围有较高的空气湿度，但切忌盆土积水，以免引起烂根。

图 2.3.24

（五）印度榕

印度榕（图 2.3.25），又名橡皮树，天性喜阴，需要避免阳光直晒。如果想让走廊多一些绿意，印度榕绝对是不二选择，因为它不喜光也不喜热。

种植须知：

印度榕不需要过度浇灌，所以应注意在每次浇水以后，去除盆底多余的积水。盆内土壤完全干燥以后，方可以再进行浇水。

图 2.3.25

（六）肖竹芋

肖竹芋最初是生长在热带雨林地区的植物，喜欢温度较高、较潮湿的环境。叶子最长可以生长至 90cm，非常壮观。常见的种类有孔雀竹芋（图 2.3.26）、彩虹竹芋（图 2.3.27）、斑叶竹芋等（图 2.3.28）。

它的耐阴性非常强，植株叶色特殊，叶形较大且优美，可以放心地放在任何地方培植，家中卧室、客厅都可以摆放。

图 2.3.26

图 2.3.27

图 2.3.28

种植须知：

要长期保证盆土在潮湿的状态，但不可过于潮湿，更不能出现积水。除了浇水外，还要经常给植物表面及周边进行洒水，因为它本就是生长在热带雨林的植物，喜欢在潮湿的环境中生长，无论环境还是盆土都不要出现干燥的情况。

（七）龟背竹

龟背竹（图2.3.29）常用于盆栽观赏，点缀客室和窗台。这种来自南美的热带植物，因为它叶片独特的造型一直被众人喜爱。大大的叶片仿佛龟背，裂开的叶片营造出镂空的造型，又给室内带来了不一样的纹理，而且有利于净化空气。

种植须知：

龟背竹是典型的耐阴植物，切忌阳光直射，以免叶片灼伤。盛夏期间要注意遮阴，否则叶片会老化，缺乏自然光泽，影响观赏价值。

浇水要做到"宁干勿湿"，盆土维持潮湿状态即可，切记不可水涝。空气相对湿度最好控制在60%，当气候干燥的时候要时常向叶片表面喷洒清水。冬天要少浇水，使盆土保持稍偏干燥即可，同时要按时用不冷也不烫的水清洗叶片表面，因为叶片吸附灰尘后不利于进行光合作用，观赏价值也打了折扣。

图 2.3.29

练 习

1. 请说出图一至图三中绿植的名称和习性。

2. 根据自己的居住情况，养一盆室内绿植，并记录其生长过程。

图一　　　　　图二　　　　　图三

> 课外拓展

当红懒人切花简介

对于生活在城市的人们来说，想要亲近自然最便捷的莫过于在家中摆放几盆绿植。但是植物天生热爱户外环境，养在室内难免状况百出，看着辛苦侍弄的花花草草莫名离去，心中难免嘀咕：莫非自己真是传说中的植物杀手？如何能省心地享受观花之乐？在此，特为大家推荐几款当红懒人植物，插出一个迷你植物园。

一、马醉木

马醉木属常绿灌木或小乔木，高可达4米。它的茎、叶和种子有剧毒，马儿误食之后便晕晕的，像喝醉酒一样，故而得名。

马醉木切花枝条高达110 cm左右，细细高高，枝叶茂盛，叶片秀气，看上去十分雅致清新又高级，好像一棵小树。观赏期1～3个月，且没有花粉传播，花粉过敏人群也适合。

养护方法：

1. 收到后斜剪4 cm左右，水位20 cm以上。
2. 3～5天换水一次，7～10天斜着剪根一次，换水时清洗花瓶和杆子表面黏液。
3. 气候干燥地区叶子多喷水，忌暴晒。
4. 马醉木害怕太阳暴晒，喜欢半阴凉湿润的地方，适宜放到茶几上、玄关处或电视柜旁。

二、日本吊钟

日本吊钟属杜鹃花科的落叶灌木，精巧的花朵犹如一串串吊挂的金钟，故名吊钟。它还有一个很美的名字"灯台踯躅"，因树枝分叉形似古时照明用的灯台，踯躅是杜鹃花别名。吊钟是日式花艺常用的叶材，插花品位高雅。如今，越来越多的植物爱好者发现了它的美，不惜高价购买。由于日本吊钟切花需要进口，且均为山采枝条，生长缓慢，因此价格较贵，被称为"叶界的爱马仕"。

不过，日本吊钟切花插花时间长且好养活，正常花期有一个月，养护修剪得当，三个月不成问题。而且日本吊钟体型高大，一根树枝就是一片小森林，纤细蜿蜒的枝条，嫩绿的水滴形叶片，五六片聚成一簇，疏朗细碎，轻盈灵动，充满自然野趣。

大号的吊钟适合在客厅、餐厅等大空间落地摆放，朝气蓬勃，让整个空间充满活力；稍小的吊钟可以摆在餐桌上，立即拥有在家野餐的感觉。

养护技巧：

1. 一周换一次水（懒人福音），注意修剪枝叶、清洗根部和花瓶。

2. 放置在室内半阴通风处，避免强光照射，避免空调直吹。

3. 在天气较为闷热干燥时，可使用喷壶对它的叶片喷水，能起到降温保湿的作用。

4. 建议高水位养护，也就是说花器里要多放点水，基本上水要达到七八分满，这样它会有足够的水分和养分。

5. 根部可以劈开 5 ~ 10 cm，形成一个开口，就好像一个夹子一样，这样根部打开利于吊钟更快速吸收到容器里的水分。

三、尤加利

如果说有一种观叶植物无论生死，都能为室内装饰带来独特的高级感，那么一定就是尤加利了。虽然随着国内培植的增多，尤加利的价格大幅降低，但这不会改变它在植物插枝领域的统治级表现，它绝对是北欧风的经典搭配植物。

尤加利叶片饱满，叶型圆润，叶茎纤细，且带有一股挺特别的清冽味道，不仅有驱虫防霉的功效，还能在困顿的午后提神醒脑，有助于人呼吸系统与免疫系统的调养。干燥的尤加利叶子的颜色会变成更浅的灰绿色，但依然保留有这种独特的味道，且持久性很强，可以保存相当久的时间。

养护技巧：

1. 浅水养护，泡水的部分不要留叶子。

2. 根部45°斜剪，放入花瓶后可以少照顾，不需要每天换水打理。观察水质，变浑浊就换水，同时剪根。

3. 可插在空瓶自然风干，成为干花的尤加利别有一番美感。

世界中从不缺少美，而是缺少发现美的眼睛。装饰家居重在体现主人对生活的用心，而每一种植物都是自然的精灵，哪怕是几枝普通的树枝，善用巧思，搭配得当，一样能为居室增添光彩。

第三单元

健康美味

第一节　营养与卫生

一、平衡膳食

（一）平衡膳食的概念

平衡膳食是指选择多种食物，经过适当搭配做出能满足人们对能量及各种营养素的需求的膳食。平衡膳食应做到以下几个方面。

1. 一日膳食中食物构成要多样化，各种营养素应品种齐全

每日膳食包括供能食物，即蛋白质、脂肪及碳水化合物；非供能食物，即维生素、矿物质、微量元素及纤维素。要求做到粗细混食，荤素混食，合理搭配，从而能供给膳食者必需的热能和各种营养素。各种营养素必须满足青少年生长发育需要，不能过多，也不能过少。

2. 营养素之间比例应适当

如蛋白质、脂肪、碳水化合物供热比例为 1∶2.5∶4，优质蛋白质应占蛋白质总量的 1/2 ~ 2/3，动物性蛋白质占 1/3。三餐供热比例为早餐占 30% 左右，中餐占 40% 左右，午后点心占 5% 左右，晚餐占 25% 左右。

3. 科学进行加工烹调

食物在加工与烹调时应尽量减少营养素的损失，并提高消化吸收率。

4. 形成良好的用膳习惯

一日三餐定时定量，且热能分配比例适宜，养成良好的饮食习惯。

5. 食物安全

食物应对人体无毒无害，食物中的有害微生物、有害化学物质、农药残留、食品添加剂等符合食品卫生国家标准的规定。

（二）平衡膳食宝塔

1. 中国居民平衡膳食宝塔（2016）

《中国居民膳食指南（2016）》于 2016 年 5 月 13 日由国家卫生计生委疾控局发布，自 2016 年 5 月 13 日起实施。这是为了提出符合我国居民营养健康状况和基本需求的膳食指导建议而制定的。

《中国居民平衡膳食宝塔（2016）》是2016膳食指南的主图形（图3.1.1），具体体现了2016膳食指南的核心推荐内容。另外，《中国居民平衡膳食餐盘（2016）》和《中国儿童平衡膳食餐盘（2016）》是2016膳食指南的辅助图形，便于理解、记忆和实践应用。

图 3.1.1

中国居民平衡膳食宝塔由中国营养学会推出，根据中国居民膳食指南，结合中国居民的膳食习惯把平衡膳食的原则转化成各类食物的重量，便于大家在日常生活中实践。平衡膳食宝塔提出了一个营养上比较理想的膳食模式。它所建议的食物量，特别是奶类和豆类食物的能量可能与大多数人当前的实际膳食还有一定的距离，对某些贫困地区来讲可能距离还很远，但为了改善中国居民的膳食营养状况，这是不可缺的。应把它看作一个奋斗目标，努力争取，逐步达到。

2.平衡膳食宝塔应用

（1）食物多样，谷类为主

平衡膳食模式是最大限度地保障人体营养需要和健康的基础，食物多样是平衡膳食模式的基本原则。每天的膳食应包括谷薯类、蔬菜水果类、畜禽鱼蛋奶类、大豆坚果类等食物。建议平均每天摄入12种以上食物，每周25种以上。谷类为主是平衡膳食模式的重要特征，每天摄入谷薯类食物250～400 g，其中全谷物和杂豆类50～150 g，薯类50～100 g；膳食中碳水化合物提供的能量应占总能量的50%以上。

（2）吃动平衡，健康体重

体重是评价人体营养和健康状况的重要指标，平衡好吃和动是保持健康体重的关键。各个年龄段的人都应该坚持天天运动，维持能量平衡，保持健康体重。体重过低和过高均易增加疾病的发生风险。

推荐每周应至少进行5天中等强度身体活动，累计150分钟以上；坚持日常身体活动，平均每天主动身体活动6 000步；尽量减少久坐时间，每小时起来动一动，动则有益。

（3）多吃蔬果、奶类、大豆

蔬菜、水果、奶类和大豆及豆制品是平衡膳食的重要组成部分，坚果是膳食的有益补充。蔬菜和水果是维生素、矿物质、膳食纤维和植物化学物的重要来源。奶类和大豆类富含钙、优质蛋白质和B族维生素，对降低慢性病的发病风险具有重要作用。提倡餐餐有蔬菜，推荐每天摄入300～500 g，深色蔬菜应占1/2。天天吃水果，推荐每天摄入200～350 g的新鲜水果，果汁不能代替鲜果。吃各种奶制品，摄入量相当于每天液态奶300 g。经常吃豆制品，每天相当于大豆25 g以上，适量吃坚果。

（4）适量吃鱼、禽、蛋、瘦肉

鱼、禽、蛋和瘦肉可提供人体所需要的优质蛋白质、维生素A、B族维生素等，有些也含有较高的脂肪和胆固醇。动物性食物优选鱼和禽类，鱼和禽类脂肪含量相对较低，鱼类含有较多的不饱和脂肪酸；蛋类各种营养成分齐全；吃畜肉应选择瘦肉，瘦肉脂肪含量较低。过多食用烟熏和腌制肉类可增加肿瘤的发生风险，应当少吃。推荐每周吃鱼280～525 g，畜禽肉280～525 g，蛋类280～350 g，平均每天摄入鱼、禽、蛋和瘦肉总量120～200 g。

（5）少盐少油，控糖限酒

我国多数居民目前食盐、烹调油和脂肪摄入过多，这是高血压、肥胖和心脑血管疾病等慢性病发病率居高不下的重要因素，因此应当培养清淡饮食的习惯，成人每天食盐不超过6 g，每天烹调油25～30 g。过多摄入添加糖可增加龋齿和超重的风险，推荐每天摄入糖不超过50 g，最好控制在25 g以下。水在生命活动中发挥重要作用，应当足量饮水。建议成年人每天7～8杯（1 500～1 700 mL），提倡饮用白开水和茶水，不喝或少喝含糖饮料。儿童少年、孕妇、哺乳期妇女不应饮酒，成人如饮酒，一天饮酒的酒精量男性不超过25 g，女性不超过15 g。

（6）杜绝浪费，兴新食尚

勤俭节约，珍惜食物，杜绝浪费是中华民族的美德。按需选购食物、按需备餐，提倡分餐不浪费。选择新鲜卫生的食物和适宜的烹调方式，保障饮食卫生。学会阅读食品标签，合理选择食品。创造文明饮食新风的社会环境和条件，应该从每个人做起，回家吃饭，享受食物和亲情，传承优良饮食文化，树立健康饮食新风。

二、保鲜卫生

（一）保鲜

现代人生活节奏快，许多上班族有定期采购食材的习惯。由此，冰箱成了家庭储藏保鲜食品的主力军。可是冰箱不等于"保鲜箱"。如何合理使用冰箱，是关系到饮食卫生的大问题。从食物的存储位置到贮藏时间，从日常维护到清洁方法都有需要注意的事项。

1. 不宜存放于冰箱的食物

（1）蔬菜类

根茎类蔬菜如红薯、萝卜、土豆等，表皮坚固，水分不易流失，只需放到阴凉干燥处保存即可。叶类蔬菜如白菜、茼蒿、大葱等比较娇嫩，水分和维生素容易流失，保存时间不长，冷藏容易冻伤。

如果要把叶类蔬菜放入冰箱，温度要控制在0℃~5℃，湿度在85%，蔬菜装入保鲜袋，定期洒水，这样大概可以保存3~4天。

（2）瓜果类

不是所有的瓜果都适合放入冰箱。黄瓜在冰箱里很容易失去水分，变软变黑变味；西红柿经过冷藏后肉质会呈现水泡软烂状。热带水果如香蕉、杧果等，在常温状态贮藏就可以，在冰箱里极易冻伤，出现黑斑，外形和口感变差，甚至霉变腐烂。

（3）药材类

药材放入冰箱，不仅容易受潮，还会被各种细菌侵入而影响药效。药材应装进玻璃罐密封保存，放在干燥通风处即可。

（4）面点类

花卷、馒头、面包等淀粉类食物放进冰箱会加速脱水，变干变硬，远不如在常温下保存效果好。如果量大必须放入冰箱存储，要用密封袋包好放进冷冻室。

（5）腌制类

火腿等腌制食物适合放在阴凉通风处。冰箱里湿度太大，容易影响其原本的风味。

（6）零食饮品类

储存巧克力的最佳温度是5℃~18℃，冷藏过的巧克力表面会出现白霜，口感也会变差。无论是咖啡粉还是咖啡豆都不能放冰箱储存，瞬间骤降的温度会导致咖啡脱水，还会沾染其他食物的异味，完全破坏本身的风味。

（7）调味酱料类

调味酱料请按照瓶身说明储存，不能一概扔进冰箱了事。有的酱料放冰箱储存反而会起反作用，如蜂蜜放进冰箱冷藏，会加快糖分结晶的速度，蜂蜜很快会变稠，取用也变得不方便。大多数辣椒酱放在室内阴凉干燥处可以存放很久，放在冰箱里反而缩短了存储时间。

（8）鱼类

鱼在冰箱里也不能放太久。正常情况下，家用冰箱的冷藏区一般是4℃~8℃，冷冻区是-18℃，而鱼类贮藏需要在-30℃以下。如果温度未达到，鱼体组织就会脱水或发生其他变化，如是鲫鱼，长时间冷藏就会酸败，肉质变得不宜食用。

2. 冰箱各区域存放要点

一般来说，冰箱的出风口在上方，所以上层的温度会比下层略高一点，因此在存放时要根据食材本身的温度要求，在冰箱内选择温度合适的区域（图3.1.2）。

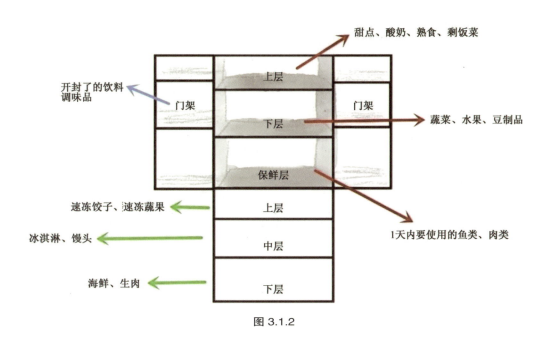

图 3.1.2

（1）冷藏区

区域一：冰箱门架处

此处温度相对较高，方便拿取，适合存放一些不容易坏或者短期存放的食物，如开封了的饮料或调味品。

区域二：上层靠门处

靠门处温度要比后壁高一些，可以放一些即食类的食品，如甜点、酸奶、熟食。

区域三：上层后壁处

后壁处可以放不怕冻的食物，如隔夜饭菜等。不过剩饭菜一定要装在密封的保鲜盒里，避免细菌滋生。同时，保鲜盒的使用也可以使冰箱内食物收纳更整齐，便于拿取。

区域四：下层靠门处

一般下层空间纵深比较大，容纳力会比较强。下层靠门处可以放一些蔬菜和水果，要注意不要碰到后壁冻坏。

区域五：下层后壁处

下层后壁处适合放一些需要低温冷藏保存的食物，如豆腐或者严密包装的袋装肉制品。

区域六：保鲜层

如果冰箱的保鲜层只有一层，建议把1天内要食用的鱼类和肉类放在下半层，把蔬菜瓜果放在上半层，建议使用密封保鲜盒或食品密封袋。如果这一层有两个格，最好分开存放。

（2）冷冻区

带水的食品要除去水分后放入，以免因大量水分蒸发而形成过多冰霜。冷冻室不能放置液体类食品，不能使用玻璃容器，以防冻裂损坏。

区域一：上层

上层为速冻格，温度最低，可以放置需要短时间冻结好的食物，如速冻饺子等。

区域二：中层

中层适合放置不需要长时间加热的食物，如冰激凌、馒头等。

区域三：下层

下层适合放置海鲜、生肉，但一定要做到生熟分离。可以将食材切块分装，每次食用只需要拿取一份，以免频繁解冻冷冻滋生细菌。

3. 冰箱食物存储时间

（1）蔬菜类

绿叶菜冷藏3天，蘑菇、茄子、玉米、芹菜冷藏7天。

（2）肉类

鱼类冷藏1~2天，冷冻90天；肉排冷藏2~3天，冷冻240天；牛羊肉冷藏1~2天，冷冻240天；鸡鸭肉冷藏2~3天，冷冻360天。

（3）其他类

鲜蛋冷藏30~60天，熟鸡蛋冷藏6~7天，牛奶冷藏5~6天，酸奶冷藏7~10天，剩饭冷藏不超过3天，剩菜中的素菜不宜放在冰箱存放，花生酱、芝麻酱开罐后冷藏90天，饮料、酒类4℃左右储藏，开启后应尽快喝完。

4. 冰箱日常维护要点

（1）生熟分开

熟食要放置在冰箱上面两层，生的食材最好放在下两层。

（2）按需就位

冰箱温度下层比上层低，后壁比靠门低，按照温度存储食物。

（3）留有余地

冰箱里的空间最好只使用七成，留出足够空隙以便冷气流通，确保温度到位。

（4）使用禁忌

禁忌一：热的食物直接放进冰箱

直接将热饭菜放进冰箱会使得冰箱温度上升，制冷开机的时间变长，功耗变大，冰箱噪音增加。除此之外，热的食物冷缩以后容易吸收冰箱里其他的异味。

禁忌二：频繁开关冰箱门

频繁开关门不仅费电，还会造成冷量损耗，增大能耗，影响制冷效果。

禁忌三：停用冰箱不断电

长时间不使用冰箱，应该把冰箱内部清空并擦洗干净、晾干。拔下插头，并在冰箱门处留一条缝隙，使内外空气流通。

禁忌四：随意插拔电源插座

冰箱断电以后，应该等3分钟，待制冷系统内外高低压达到平衡，才能接上插头。

禁忌五：选择错误的清洗剂

不能用洗衣粉、去污粉、碱性试剂、滑石粉等清洗冰箱，容易造成内胆和管道的损坏。应该在切断电源后，用软布蘸取清水，或餐具清洁剂擦拭，然后再用清水拭去。

5. 新购置的冰箱使用要点

（1）不能先通电

新买的冰箱刚送到家，不能马上通电使用。这是因为冰箱压缩机的运行需要润滑剂保护，冰箱在生产过程中厂家会向制冷系统里灌一些专用的润滑油，当冰箱制作完成后润滑油和制冷剂被完全封闭在制冷系统里。新买的冰箱在被送到家之前，可能在运输途中已经颠簸了不短的时间，也有可能被倾斜、躺倒放置。这时冰箱里的润滑油就会顺着管路流入换热器的盘管中，少量润滑油还会在颠簸、震动的作用下灌入压缩机的压缩腔。如果在这种情况下立即为冰箱通电开机，容易导致冰箱制冷系统瘫痪。因此，保险起见，新冰箱到家后，应静置 2~4 小时后再开机。

（2）不能随意摆放

冰箱应放置在空间干爽、通风的地方，与墙壁间隔要大于 10 cm 以上，地面要平整，便于散热。虽然冰箱里很"凉快"，但冰箱自己却在不停地散发热量。不同品牌的冰箱散热位置不一样，早期型号一般在后方设有外露式冷凝器，一般是黑色盘管，即散热部件。现在的冰箱为达到美观效果，冷凝器一般是隐藏的，有在侧面板内，也有在后面板内，但都在保温层外。

压缩机一般也参与散热，为防止凝结水外流，一般将冷藏室凝结水引至压缩机上部的盛水盘内，利用压缩机的热量将其蒸发至空气中。

（3）用电注意安全

冰箱应使用单相三孔插座，单独接线。注意保护电源线绝缘层，不得重压电线，不得自行随意更改或加长电源线。

除此之外，在通电后仔细听压缩机在启动和运行时的声音，如果听到有管路互相碰击的声音或噪音过大，则需要检查冰箱是否摆放平稳，并做相应的调整。若有较大的异常声音，应立即切断电源，与专业的修理人员联系。

（二）卫生

1. 农药残留

农药是我国常规农业中用来防治病虫害的，因为农药无法完全被农作物吸收，所以有些会残留在农作物上。一般来说，如果合理使用农药、控制好剂量是不会导致农作物农残超标的。没有超标的农残，是在合理的安全范围内的。我们常说的农残有害健康，是指农残超标的食物。

为什么会出现农残超标的情况呢？主要原因就是没有按照农药的使用说明来使用，即没有考虑安全间隔期。如一般农药都规定，施药 10 天之后才可以收获，但有些人为了减少生产成本，获取更大的收益，施药不足 10 天就采摘并销售。这样的食物就会带有大量的农药残留，如果经常吃这样的食物，会严重危害身体健康。

（1）使用农药利大于弊

或许大家会感到疑惑，既然农药残留危害这么大，为什么还要使用农药呢？这是因为在农业产量贫乏的时代，使用农药可以使农产品产量有很大的提升。可以说，农药的出现，很好地缓解了巨大的粮食需求问题。虽然现在不使用化学农药的有机农业也逐渐走入人们的生活，但目前我国的农业暂时无法做到完全不使用农药。

首先，我国人口基数大，对粮食的需求量也非常大，虽然有机农产品更加安全健康，但是单靠有机农业产出的粮食是不够的。其次，有机食品的价格比常规食品要昂贵许多，并不是所有的消费者都有足够的经济承受能力。因此要实现农业生产不使用农药目前还存在困难。

（2）蔬果购买有学问

如何确保买到的蔬果是符合农药残留量标准的呢？首先要从正规的蔬果市场购买。其次，不挑食可以规避风险。因为每种蔬果使用的农药不尽相同，吃的蔬果种类多，虽然意味着体内积累的农药种类多，但每种的量都不大，这就比单一积累特定种类的农药要安全。

（3）如何去除农药残留

虽然农药残留不致命，但长期积累会对身体造成一定的影响，因此掌握一些降低农残的方法非常重要。在日常生活中，我们买回来的蔬菜水果应该如何处理，才能有效降低农药残留呢？要注意以下几点：

① 买回来的蔬菜水果不要马上放入冰箱，可以先在干燥处晾一晾，通通风。

② 用淡盐水浸泡3~5分钟后再用清水冲洗干净。因为淡盐水不仅具有杀菌的效果，还可以溶解蔬菜中可能存在的甲醛残留。

③ 可以用小苏打水或淘米水洗菜，这类水为碱性，可以水解一些含磷的农药，降低其毒性。

④ 能去皮的蔬果一定要去皮食用。因为农药残留一般会在食物的表面，去皮食用可以减少大部分农残。

⑤ 对于一些清洗困难的蔬果，我们可以进行焯水处理，因为遇到高温之后，部分农药会挥发分解掉。

2. 霉变

为了满足平衡膳食，我们需要多种食物来搭配。然而现代人生活节奏快，习惯使用冰箱囤货。还有人习惯一次性烹制大量饭菜，分次食用。但是冰箱并非保险箱，我们生活的环境中到处都是各种微生物，其中有一种就叫霉菌。霉菌生命力非常强，能在不利的环境中长期潜伏。一旦环境适宜，立刻大肆繁殖。

潮湿是霉菌生长的首要条件，其次是养料。不同种类的霉菌其最适温度是不一样的，大多数霉菌繁殖最适宜的温度为25℃~30℃，在0℃以下或30℃以上，不能产毒或产毒力减弱。几乎可以这么说，食物长霉是很常见的，但不同的霉菌和人类的关系也不一样。

（1）友好的霉菌

霉菌目前有很多应用，它能够生产青霉素等抗生素药品，挽救成千上万人的生命。米曲霉菌可以做酱；毛霉菌可以制造豆腐乳。蝗菌、武氏虫草菌等能制作新型生物杀菌剂，它们通过产生抗生素、营养竞争、微寄生细胞壁分解酵素，以及诱导植物产生抗性等机制，对于多种植物病原菌具有拮抗作用，具有保护和治疗双重功效，可有效防治土传性真菌病害；在工业生产上，它也大显身手，可以制作柠檬酸等工业原料。

（2）敌对的霉菌

花生、玉米、坚果等食物中可能出现黄曲霉，它产生的黄曲霉毒素是臭名昭著的致癌物，不仅可能使人急性中毒甚至死亡，长期低剂量也会增加癌症风险。而水果上常出现的展青霉，会产生展青霉素，可能引起肠道功能紊乱、肾脏水肿。

如果食物发霉了，很多人本着勤俭节约的原则，觉得全部扔掉怪可惜的，就把发霉的部分去掉，剩下的继续吃。但是这么做，并不能避免霉菌的危害。我们看到的发霉部分，其实是霉菌菌丝完全发展成型的部分。而在那附近，已经有许多肉眼看不见的霉菌了。而且，霉菌产生的细胞毒素会在食物里扩散，扩散的范围与食物的质地、含水量、霉变的严重程度有关。单凭一双肉眼难以估计其扩散范围有多大。所以对待发霉的食物，最安全可靠的选择就是把它全部扔掉！

此外，加热可以杀死霉菌，但还有很多顽强的毒素能扛住高温的考验，如展青霉素可以存在于苹果、桃、梨、香蕉、葡萄、草莓、菠萝等各种水果和其果汁中，若苹果发了霉，这种毒素会进入苹果汁，经过杀菌处理毒素含量会降低，但无法完全消除。

总而言之，黄豆酱、腐乳、臭豆腐、臭奶酪等正规的发酵食品，在没过期之前，可以放心吃。其他的普通食品，如果发霉了，请赶紧扔了吧，实在没必要冒危及健康的风险。

> **练 习**
>
> 1. 以下图片中冰箱的使用是否存在问题？
>
>
>
> 2. 根据《中国居民平衡膳食宝塔（2016）》，结合自身情况，分析日常膳食的情况，并做出改进方案。

课外拓展

消毒杀菌小知识

在日常生活中，我们经常会碰到一些需要杀菌消毒的情况，比如饭前便后要用洗手液洗手，皮肤破损或者扎针前要先用酒精碘伏等进行消毒，实在没有条件也要用火烧一下针尖，而在医院里的打针、换药、做手术等也都要先进行严格的消毒……那么你了解哪些杀菌消毒小知识呢？

1. 酒精是如何杀菌消毒的？

我们生活中最常见的消毒剂就是酒精了，但不同浓度的酒精有不同的效果与作用。一般日常所喝白酒的酒精度大多为40%～60%，而在医学上，酒精度为50%左右的只能用于防褥疮和发热病人的擦浴降温，酒精度为75%的才可用于灭菌消毒。

酒精消毒的原理很简单，就是吸收细菌蛋白的水分，使其脱水变性凝固。但并不是酒精浓度越高，杀菌效果就越强，高浓度酒精对细菌蛋白脱水过于迅速，使细菌表面蛋白质首先变性凝固，形成了一层坚固的包膜，酒精反而不能很好地渗入细菌内部，从而影响其杀菌能力。而当酒精浓度低于75%时，由于渗透性降低，杀菌能力也相应的降低。只有酒精度为75%的酒精与细菌的渗透压相近，可以在细菌表面蛋白未变性前逐渐不断地向菌体内部渗入，使细菌所有蛋白脱水、变性凝固，最终杀死细菌。

2. 碘剂又是如何杀菌消毒的？

现在医学上消毒常用的碘剂为碘酊和碘伏两种。碘酊又叫碘酒，其中含有的单质碘会烧灼黏膜，所以不可以用来消毒黏膜，只能用来短时间消毒皮肤，消毒之后还需要用75%的酒精脱碘，防止碘长时间停留在皮肤上造成损伤。而碘伏里面的碘是络合碘状态，不会对皮肤和黏膜造成损伤，但是消毒作用相对弱一些。碘剂的消毒原理是氧化作用，比酒精更为高效，甚至可以杀灭部分芽孢，与之相似的还有一接触伤口就会冒出大量泡泡的双氧水。

3. 红药水和紫药水有什么区别？

现在仍然有不少家庭常备有红药水和紫药水，一到夏天，经常会看到小朋友的膝盖和手肘涂上了一团团的红色和紫色，红药水和紫药水靠的是阳离子结合羧基来杀菌消毒。

红药水指的是2%汞溴红溶液，但其实红药水的消毒作用很弱，只适用于皮肤或黏膜等较小创面的消毒，而且红药水含有汞，如果消毒大面积破损的伤口，可能会造成汞中毒，有的小朋友满腿都涂满了红药水，其实是有一定风险的。

紫药水是1%～2%龙胆紫溶液，杀菌效果比红药水强，对组织刺激性小，且能与黏膜、皮肤表面凝结成保护膜而起收敛作用，防止局部组织液的外渗和细菌感染，也可以作用于小面积烧烫伤、湿疹、疱疹、口腔溃疡等。

4. 洗手液和洗洁精能起杀菌消毒的作用吗？

洗手液和洗洁精本身是没有杀菌作用的，仅有些许除菌作用，更多的是利用流动的水把细菌带走，洗手液和洗洁精的泡泡也能帮助进行更彻底的清洁。目前市面上有一些洗手液、沐浴液等由于添加了对氯间二甲苯酚、三氯生、季铵盐、胍类等，也确实有一定的抑菌效果，但是它们针对的菌类有所不同，适用范围和安全性也有所区别。

5. 用开水烫碗能起杀菌消毒的作用吗？

用开水烫碗应该是利用高温，但是高温只能杀死极少数细菌，而且烫碗的时间较短，不能起到消毒作用。如果用煮沸灭菌法，将待灭菌物置于沸水中30～60分钟，会具一定的灭菌作用，但效果也较差，仅用于一些医学器皿的消毒。

但是用开水烫碗还是有意义的，因为有些餐馆的餐具直接用盆洗，没有用流动的水冲洗，大多只漂洗一遍，清洁过程马虎，洗涤剂严重残留，所以用开水烫碗虽然不能杀菌消毒，但至少能减少部分洗涤剂的残留。

6. 伤口可以直接暴露在空气中吗？

包扎伤口的作用无非是隔离细菌，保持相对清洁的环境，加速伤口的愈合，但在一些湿度较大的地方，伤口表面的敷料会经常汗湿，使伤口更容易成为细菌滋生的培养基。所以是将伤口直接暴露在空气中还是将伤口包扎起来要因时而异，没有固定的要求，医生一般会根据伤口情况和环境进行综合判断，但敞开伤口的前提是住在相对洁净的病房和家中，如果是在工地和野外，那么随便一个布条的包扎也比暴露在尘土飞扬中要好得多。

第二节　中医体质辨识

2009年，我国第一部《中医体质分类与判定》标准出台，研究人员在全国范围内进行了21 948例流行病学调查，总结出人体有9种体质。那么，你属于哪种体质？在平时的生活、饮食习惯上又该注意什么？

一、平和质

1. 体质特征

这类人体形匀称健壮，肤色润泽，目光有神，唇舌红润，头发稠密、富有光泽。精力充沛，不易疲劳，睡眠、饮食、排便正常，性格随和开朗，对自然环境和社会环境适应力较强。

2. 形成原因

先天禀赋良好，后天调养得当。

3. 发病倾向

平素患病较少，即使患病也易痊愈。

4. 保健原则

重在维护，饮食有节，劳逸结合，坚持锻炼。

5. 起居养生

平和质属正常健康体质，仍要坚持锻炼，规律作息，不可过度劳累。

6. 饮食调养

多吃五谷杂粮、瓜果蔬菜，饮食有节，不可过冷过热，少食油腻及辛辣食品，戒烟限酒。

7. 推荐药膳

四季养生茶，秋冬雪梨汤。

8. 精神疗养

保持心境平和，培养业余爱好，多参加有益的社交活动。

9. 药物疗养

春夏养阳，秋冬养阴。以和为贵，以平为期。且不可乱进补品，使平和质转成偏颇质。

10. 体质调理建议

保健茶、四季养生汤，配合灸疗、保健推拿，保养体质。

二、气虚质

1. 体质特征
气虚质的人多为肌肉松软，语声低弱，气短懒言，易出汗疲劳，体力劳动稍强就容易累，性格偏内向胆小，喜欢安静，不喜欢冒险，免疫力差，易患病。

2. 形成原因
先天本弱，后天失养或病后气亏，过度劳累，年老体弱，过服泻药。

3. 发病倾向
易感冒、内脏下垂、虚劳，易肥胖，多汗，发病容易迁延不愈。

4. 保健原则
益气固本，健脾补脾。

5. 起居养生
起居规律，避免过劳及熬夜，免伤正气，可做一些柔缓的运动，如散步、打太极拳、练气功，要坚持锻炼，持之以恒。不宜做大负荷或出大汗的运动。

6. 饮食调养
宜吃性平偏温、具有补益作用的食物，如大枣、山药、苹果、龙眼肉、莲子、红薯、土豆、小米、黄豆、板栗、牛羊肉、鸡肉、鲢鱼、香菇等。

7. 推荐药膳
粳米山药莲子粥、黄芪母鸡汤、人参汤。

8. 精神疗养
多参加有益的社会活动，多与人交流和沟通，多听节奏感强、欢快、轻松、令人振奋的音乐。保证充足睡眠，可闭目遐想一些美好的事情。

9. 体质调理建议
气虚调理宜缓、平稳，经验证，汤药与针、灸疗并用对于调理气虚体质较为合适。

三、阳虚质

1. 体质特征
阳虚质人多畏寒怕冷，一到冬天手足发凉，尤其是颈背腰腿部怕冷，皮肤偏白，肌肉不结实，喜食热饮，稍吃凉食即感不适，大便易稀溏，五更泻，性格沉静内向，喜欢安静，耐夏不耐冬。

2. 形成原因
先天禀赋，食凉饮冷，年老阳衰，滥用凉药。

3. 发病倾向
发病多为寒证，易患痰饮、咳喘、腹泻等病，性功能下降。

4. 保健原则

温阳益气，饮食宜温阳，起居要保暖，运动避风寒。

5. 起居养生

居住环境避寒就温，空气流通，注意保暖，多晒太阳，多泡温泉，勤泡脚，夏天不宜剧烈运动，以免大汗亡阳，冬天要选天气好的时间户外活动，避免寒冷损伤阳气。可散步、打太极拳，多运动，升发阳气。

6. 饮食调节

多食温补阳气的食物，如生姜、牛羊肉、狗肉、鹿肉、韭菜、桂圆、荔枝、腰果，少食梨、西瓜及各种冷饮、绿茶等生冷寒性食物和饮品。夏勿贪凉，冬宜温补。

7. 推荐药膳

当归生姜羊肉汤、韭菜炒核桃仁。

8. 精神疗养

平时多听一些激昂、高亢、豪迈的音乐，防止悲愁忧虑和惊恐，广交朋友，善于沟通，善于调节自己的情绪，乐观向上，避免消沉。

9. 体质调理建议

阳虚调理宜温补，经验证，汤药与针、灸疗并用对调理阳虚体质尤有佳效。

四、阴虚质

1. 体质特征

阴虚质的人多体形偏瘦，手足心易发热，脸上时有烘热感，面颊潮红，口干舌燥，眼睛干涩，或想喝水，便秘，性情急躁，容易失眠，外向好动，舌红少苔或花剥苔。

2. 形成原因

先天禀赋，积劳伤阴，过食辛燥。

3. 发病倾向

结核病、咳嗽、失眠、便秘、长期低烧、复发性口疮、消渴病。

4. 保健原则

养阴降火，饮食宜滋阴，起居忌熬夜，运动勿太过。

5. 起居养生

适合做柔缓的运动，不宜做过度剧烈、汗出太多的运动，可打太极拳、练气功、散步等，以静为主，动静结合，不宜多汗蒸，注意节制性生活。

6. 饮食调节

夏宜清凉、秋要养阴。多食清淡甘润食物，如石榴、葡萄、柠檬、苹果、梨、香蕉、银耳、百合、莲藕、鸭肉、海参、蟹肉等。少食温燥、辛辣、香浓食物和饮品，如羊肉、狗肉、韭菜、辣椒、葵花子、酒、咖啡等。

7. 推荐药膳

银耳山药莲子粥、雪梨百合膏。

8. 精神治疗

应遵循"恬淡虚无""精神内守"的养生法，为人仁爱，加强自我涵养，养成冷静、沉着的习惯，多听些舒缓的轻音乐以缓解紧张情绪。

9. 体质调理建议

阴虚调理宜滋养，以平稳为原则，经验证，汤药与经络调理并用对调理阴虚体质较为合适。

五、痰湿质

1. 体质特征

痰湿质的人易体形偏肥胖，腹部肥满，经常感到肢体酸困、沉重不轻松，经常感到嘴里黏黏的，咽部痰多有堵塞感，舌苔厚，性格较温和，善忍耐，对梅雨季节及潮湿环境适应力差，常感郁闷。

2. 形成原因

先天禀赋，过食肥甘，情志失调，过度安逸。

3. 发病倾向

消渴、中风、胸痹、肥胖、高血脂、高血压、脂肪肝等。

4. 保健原则

化痰祛湿，饮食宜清淡，起居恶潮湿，运动宜渐进。

5. 起居养生

居住宜温暖干燥，不宜阴冷潮湿，平时多户外活动，坚持锻炼如散步、慢跑、打球、游泳，量力而行，循序渐进，以微微出汗为佳。不宜过于安逸，贪睡卧床。

6. 饮食调养

多吃健脾祛湿的食物，如山药、薏苡仁、白扁豆、赤小豆、冬瓜、海带、白萝卜、生姜，少食油腻肥甘食品，少饮酒吃夜宵，夏多食生姜，冬少进补品。

7. 推荐药膳

山药薏苡仁小米粥、海带冬瓜虾仁汤。

8. 精神疗养

保持心境平和，避免大喜大悲，培养业余爱好，多参加社交活动，多听节奏强且轻快的音乐，消除不良情绪。

9. 体质调理建议

痰湿调理宜以祛湿化痰为主，经验证，汤药与针灸、点穴、按摩并用对调理痰湿体质较为合适。

六、湿热质

1. 体质特征

湿热质的人易生痤疮，口苦有异味，大便黏滞不爽，小便多黄赤，性格急躁易怒，对又热又潮的气候较难适应。

2. 形成原因

先天禀赋，喜食肥甘辛辣，长期饮酒，滥用补品。

3. 发病倾向

疮疖、粉刺、黄疸、口腔溃疡。

4. 保健原则

清热祛湿，食忌辛温，居避暑湿，增强运动。

5. 起居养生

居住环境安静、干燥通风，保持排便通畅，忌熬夜，宜清凉，避暑热，穿衣宽松透气，适合做一定强度的锻炼，如长跑、爬山、游泳、打球等，以消耗体内多余热量。

6. 饮食调养

多食清淡食品，如芹菜、苦瓜、黄瓜、西瓜、绿豆、赤小豆、豆腐、薏苡仁、鸭肉，少食羊肉、狗肉、韭菜、花椒、麻辣油炸食物，少饮酒，多喝白开水、凉茶。

7. 推荐药膳

绿豆茶、薏仁粥、竹叶水、荷叶茶。

8. 精神养生

以静制动，克服躁动心烦情绪，可做气功、瑜伽，多听舒缓、悠扬有镇静作用的乐曲。

9. 体质调理建议

湿热体质调理宜清热利湿，以平稳为原则，经验证，汤药与针灸、点穴并用对调理湿热较为合适。

七、血瘀质

1. 体质特征

血瘀质的人多面唇色黯，舌质紫滞，或有点片状瘀斑，皮肤粗糙易见紫癜，易患疼痛，健忘烦躁，脉多细涩或结代。

2. 形成原因

先天禀赋，跌打损伤，忧郁气滞，久病入络。

3. 发病倾向

易患出血、癥瘕、胸痹等。

4. 保健原则

活血化瘀，食宜行气活血，起居勿安逸，运动促血行。

5. 起居养生

要保证睡眠充足，早睡早起多锻炼，不可过于安逸，以免气机郁滞而致血行不畅，可做健身操、慢跑、跳舞等运动，选择视野宽阔、空间大、空气清新的地方，不要在封闭的环境中进行，要少用电脑、少熬夜。

6. 饮食调养

多食山楂、玫瑰花、金橘、油菜、桃仁、黑豆等具有活血行气作用的食物，少食肥肉等滋腻之品，忌食寒凉。

7. 推荐药膳

山楂红糖汤、黑豆川芎粥、红花煎。

8. 精神养生

血瘀质多气血郁结，要及时消除不良情绪，保持豁达开朗、乐观向上的精神愉悦状态。爱好广泛，多交朋友，可多听些抒情柔缓的音乐。

9. 体质调理建议

血瘀调理宜活血化瘀，以平稳为原则，经验证，汤药与针灸、经络按摩相并用对调理血瘀体质较为合适。

八、气郁质

1. 体质特征

多形体偏瘦，常感闷闷不乐，情绪低沉，容易紧张，焦虑不安，多愁善感，疑心大，感情脆弱。易失眠或受惊吓，胸胁胀闷，善太息，乳房胀，咽有异物感，对精神刺激适应能力差。

2. 形成原因

先天禀赋，精神刺激，忧郁思虑，工作压力。

3. 发病倾向

抑郁症、脏躁、百合病、不寐、惊恐，女士易患乳腺疾病。

4. 保健原则

行气防郁，食宜宽胸理气，起居宜动不宜静，宜多群体运动。

5. 起居养生

多做户外活动，社交活动，不要总待在家，要放松身心，和畅气血。居住要安静，防止嘈杂环境影响心情，早睡早起，规律睡眠，可做旅游、骑游、登山、跑步、球类运动。

6. 饮食调养

食宽胸理气的食物，如黄花菜、海带、白萝卜、开心果、柑橘、柚子、洋葱，少食收敛、酸涩的食品，如乌梅、酸枣、杨桃等，少食寒凉油腻食品。

7. 推荐药膳

玫瑰茉莉花茶、橘皮粥。

8. 精神调养

有意识地培养自己豁达开朗的性格，结交知心朋友，学会发泄，勿太敏感，遇事要从好处想，不钻牛角尖，多听欢快优美的音乐，学会简单快乐地生活。

9. 体质调理建议

气郁调理宜调畅、平稳，经验证，汤药与按摩、推拿并用对调理气郁体质较为合适。

九、特禀质

1. 体质特征

特禀质就是体质特殊的一类人，包括遗传体质、胎传体质、过敏体质。对气候环境适应力差，可表现为先天畸形，容易过敏等。

2. 形成原因

先天禀赋，环境因素，药物因素。

3. 发病倾向

药物疹、花粉症、哮喘、紫癜、遗传性疾病、血友病、先天愚型。

4. 保健原则

凉血祛风，益气固表，避开过敏源。

5. 起居养生

居室通风，保持整洁，避开过敏源，不宜养宠物，不要突然进出冷热环境，多参加适合自己的运动，注意保健，防止过敏性疾病的发作。

6. 饮食调养

饮食宜清淡均衡、粗细搭配、荤素合理，少食蚕豆、牛肉、鱼、虾、辣椒、酒、咖啡、浓茶、辛辣腥膻发物及含过敏物质的食物。

7. 推荐药膳

固表粥（乌梅、黄芪、粳米）、葱白红枣鸡肉粥。

8. 精神疗养

淡定生活，提高免疫力。

9. 体质调理建议

特禀质调理宜用和法，以平稳为原则，经验证，汤药与灸疗并用对调理特禀体质较合适。

> **练 习**
>
> ● 根据《中医体质分类判定自测表》进行体质测试，并按照本课内容，结合自身情况，进行生活调整。

课外拓展

中医体质分类判定自测表（中华中医药学会标准）

1. 判定方法

回答《中医体质分类与判定表》中的全部问题，每一问题按5级评分，计算原始分及转化分，依标准判定体质类型。

原始分 = 各个条目的分相加。

转化分数 =［（原始分 − 条目数）/（条目数 ×4）］×100

2. 判定标准

平和质为正常体质，其他8种体质为偏颇体质。判定标准见表3.2.1。

表3.2.1 平和质与偏颇体质判定标准表

体质类型	条　件	判定结果
平和质	转化分≥60分	是
	其他8种体质转化分均<30分	
	转化分≥60分	基本是
	其他8种体质转化分均<40分	
	不满足上述条件者	否
偏颇体质	转化分≥40分	是
	转化分30～39分	倾向是
	转化分<30分	否

3. 示例

示例1：某人各体质类型转化分如平和质75分、气虚质56分、阳虚质27分、阴虚质25分、痰湿质12分、湿热质15分、血瘀质20分、气郁质18分、特禀质10分。

根据判定标准，虽然平和质转化分≥60分，但其他8种体质转化分并未全部<40分，其中气虚

质转化分≥40分，故此人不能判定为平和质，应判定为是气虚质。

示例2：某人各体质类型转化分如平和质75分、气虚质16分、阳虚质27分、阴虚质25分、痰湿质32分、湿热质25分、血瘀质10分、气郁质18分、特禀质10分。

根据判定标准，平和质转化分≥60分，同时，痰湿质转化分在30~39分之间，可判定为痰湿质倾向，故此人最终体质判定结果基本是平和质，有痰湿质倾向。

4. 表格

表3.2.2　阳虚质判定表

请根据近一年的体验和感觉，回答以下问题	没有（根本不）	很少（有一点）	有时（有些）	经常（相当）	总是（非常）
（1）您手脚发凉吗？	1	2	3	4	5
（2）您胃脘部、背部或腰膝部怕冷吗？	1	2	3	4	5
（3）您感到怕冷、衣服比别人穿得多吗？	1	2	3	4	5
（4）您比一般人受不了寒冷吗？	1	2	3	4	5
（5）您比别人容易患感冒吗？	1	2	3	4	5
（6）您怕吃或吃凉的东西会感到不舒服吗？	1	2	3	4	5
（7）你受凉或吃凉的东西后容易腹泻吗？	1	2	3	4	5
判断结果：□是　　□倾向是　　□否					

表3.2.3　阴虚质判定表

请根据近一年的体验和感觉，回答以下问题	没有（根本不）	很少（有一点）	有时（有些）	经常（相当）	总是（非常）
（1）您感到手脚心发热吗？	1	2	3	4	5
（2）您感觉身体、脸上发热吗？	1	2	3	4	5
（3）您皮肤或口唇干吗？	1	2	3	4	5
（4）您口唇的颜色比一般人红吗？	1	2	3	4	5
（5）您容易便秘或大便干燥吗？	1	2	3	4	5
（6）您面部两颊潮红或偏红吗？	1	2	3	4	5
（7）您感到眼睛干涩吗？	1	2	3	4	5
（8）您活动量稍大就容易出虚汗吗？	1	2	3	4	5
判断结果：□是　　□倾向是　　□否					

表 3.2.4　气虚质判定表

请根据近一年的体验和感觉，回答以下问题	没有（根本不）	很少（有一点）	有时（有些）	经常（相当）	总是（非常）
（1）你容易疲乏吗？	1	2	3	4	5
（2）您容易气短（呼吸短促，接不上气）吗？	1	2	3	4	5
（3）您容易心慌吗？	1	2	3	4	5
（4）您容易头晕或站起时晕眩吗？	1	2	3	4	5
（5）您比别人容易患感冒吗？	1	2	3	4	5
（6）您喜欢安静、懒得说话吗？	1	2	3	4	5
（7）您说话声音无力吗？	1	2	3	4	5
（8）您活动量稍大就容易出虚汗吗？	1	2	3	4	5
判断结果：□是　　□倾向是　　□否					

表 3.2.5　痰湿质判定表

请根据近一年的体验和感觉，回答以下问题	没有（根本不）	很少（有一点）	有时（有些）	经常（相当）	总是（非常）
（1）您感到胸闷或腹部胀满吗？	1	2	3	4	5
（2）您感到身体沉重不轻松或不爽快吗？	1	2	3	4	5
（3）您腹部肥满松软吗？	1	2	3	4	5
（4）您有额部油脂分泌多的现象吗？	1	2	3	4	5
（5）您上眼睑比别人肿吗？	1	2	3	4	5
（6）您嘴里有黏黏的感觉吗？	1	2	3	4	5
（7）您平时痰多，咽喉部总感到有痰堵着吗？	1	2	3	4	5
（8）您舌苔厚腻或有舌苔厚厚的感觉吗？	1	2	3	4	5
判断结果：□是　　□倾向是　　□否					

表 3.2.6　湿热质判定表

请根据近一年的体验和感觉，回答以下问题	没有（根本不）	很少（有一点）	有时（有些）	经常（相当）	总是（非常）
（1）您面部或鼻部有油腻感或者油亮发光吗？	1	2	3	4	5
（2）你容易生痤疮或疮疖吗？	1	2	3	4	5
（3）您感到口苦或嘴里有异味吗？	1	2	3	4	5
（4）您大便黏滞不爽、有解不尽的感觉吗？	1	2	3	4	5

续表

请根据近一年的体验和感觉，回答以下问题	没有（根本不）	很少（有一点）	有时（有些）	经常（相当）	总是（非常）
（5）您小便时尿道有发热感、尿色浓（深）吗？	1	2	3	4	5
（6）您带下色（白带颜色）黄吗？（女性回答）	1	2	3	4	5
（7）您的阴囊部位潮湿吗？（男性回答）	1	2	3	4	5
判断结果：□是　　□倾向是　　□否					

表 3.2.7　血瘀质判定表

请根据近一年的体验和感觉，回答以下问题	没有（根本不）	很少（有一点）	有时（有些）	经常（相当）	总是（非常）
（1）您的皮肤不知不觉中会出现青紫瘀斑吗？	1	2	3	4	5
（2）您两颧部有细微红血丝吗？	1	2	3	4	5
（3）您身体上有哪里疼痛吗？	1	2	3	4	5
（4）您面色晦暗或容易出现褐斑吗？	1	2	3	4	5
（5）您容易有黑眼圈吗？	1	2	3	4	5
（6）您容易忘事（健忘）吗？	1	2	3	4	5
（7）您口唇颜色偏黯吗？	1	2	3	4	5
判断结果：□是　　□倾向是　　□否					

表 3.2.8　特禀质判定表

请根据近一年的体验和感觉，回答以下问题	没有（根本不）	很少（有一点）	有时（有些）	经常（相当）	总是（非常）
（1）您没有感冒时也会打喷嚏吗？	1	2	3	4	5
（2）您没有感冒时也会鼻塞、流鼻涕吗？	1	2	3	4	5
（3）您有因季节、温度变化等原因而咳喘吗？	1	2	3	4	5
（4）您对药物、食物、气味、花粉容易过敏吗？	1	2	3	4	5
（5）您的皮肤容易起荨麻疹吗？	1	2	3	4	5
（6）您因过敏出现过紫红色瘀点、瘀斑吗？	1	2	3	4	5
（7）您的皮肤一抓就红，并出现抓痕吗？	1	2	3	4	5
判断结果：□是　　□倾向是　　□否					

表 3.2.9　气郁质判定表

请根据近一年的体验和感觉，回答以下问题	没有（根本不）	很少（有一点）	有时（有些）	经常（相当）	总是（非常）
（1）您感到闷闷不乐吗？	1	2	3	4	5
（2）您容易精神紧张、焦虑不安吗？	1	2	3	4	5
（3）您多愁善感、感情脆弱吗？	1	2	3	4	5
（4）您容易感到害怕或受到惊吓吗？	1	2	3	4	5
（5）您胸肋部或乳房部痛吗？	1	2	3	4	5
（6）您无缘无故叹气吗？	1	2	3	4	5
（7）您咽喉部有异物感且吐不出、咽不下吗？	1	2	3	4	5
判断结果：□是　　□倾向是　　□否					

表 3.2.10　平和质判定表

请根据近一年的体验和感觉，回答以下问题	没有（根本不）	很少（有一点）	有时（有些）	经常（相当）	总是（非常）
（1）您精力充沛吗？	1	2	3	4	5
（2）您容易疲乏吗？*	5	4	3	2	1
（3）您说话声音无力吗？*	5	4	3	2	1
（4）您感到闷闷不乐吗？*	5	4	3	2	1
（5）您比一般人耐受不了寒冷吗？*	5	4	3	2	1
（6）您能适应外界自然和社会环境的变化吗？	1	2	3	4	5
（7）您容易失眠吗？*	5	4	3	2	1
（8）您容易忘事（健忘）吗？*	5	4	3	2	1
判断结果：□是　　□倾向是　　□否					

（注：标有*的条目为逆向计分，即1→5，2→4，3→3，4→2，5→1，再用公式转化分。）

推荐测试网站：

活法儿体质测试：http://www.huofar.com/ll_tizhi.php（建议使用电脑登录测试，可看到直观的体质曲线图）。

第三节　快手餐饮

一、快手餐饮的概念

美食人人爱，但是快节奏的现代生活使得人们早出晚归，甚至吃饭都不定时。多数人选择叫外卖、吃快餐或是下馆子。其实，人生最享受的事情莫过于回到家就能有吃的，最好还不必花太多时间在烹饪上面。于是，快手餐饮应运而生，这类餐食制作简单，一般用时在 5~15 分钟。如果搭配合理，粗细混食，荤素混食，同样能供给膳食者必需的热量和各种营养素，更增进家人间的情感，使家更有味道。

二、营养早餐

（一）培根奶酪汉堡

1. 原料

奶酪 10 g、面包切片 6 片、黄油 1 汤匙、培根 12 片、鸡蛋 6 个。

2. 制作过程

第一步：将烤箱预热至 180℃，用奶酪擦将奶酪擦碎（图 3.3.1）；借助小圆碗将每片面包扣成圆形（图 3.3.2）。

图 3.3.1

图 3.3.2

第二步：煎锅中放入黄油，用中温将圆形面包片每面煎1~2分钟，至表面呈金棕色（图3.3.3）。另取煎锅，不放油，用中低温将培根煎至表面呈轻微的棕黄色，并微微卷曲（图3.3.4）。

图3.3.3

图3.3.4

第三步：向每个玛芬杯中放入两片培根，然后将面包放在培根上轻轻按压，使其固定在玛芬杯中（图3.3.5）；将擦碎的奶酪均匀地撒入每个玛芬杯中（图3.3.6）。

图3.3.5

图3.3.6

图3.3.7

图3.3.8

第四步：向每个玛芬杯中打入一个鸡蛋（图3.3.7），放入预热至180℃的烤箱中烤制8~10分钟后，配上一杯牛奶或鲜榨果汁即可享用（图3.3.8）。

（二）蔬菜淋饼

1. 原料（可做 6 个）

洋葱丁、胡萝卜丁、肉糜、青椒各 20 g，中筋面粉 200 g，盐 1 小匙，鸡蛋 2 个，冷水 220 g。

2. 制作过程

第一步（图 3.3.9）：用电子秤称出 200 克中筋面粉，放入容器中。

第二步（图 3.3.10）：将鸡蛋打散，将蛋液和水添加在一起。

第三步（图 3.3.11）：肉糜先用葱姜酒腌制，起油锅煸熟。胡萝卜不易熟，先整块烫熟再切成丁。洋葱丁、胡萝卜丁、肉糜、青椒丁混合在一起备用。

第四步（图 3.3.12）：将和水混合后的鸡蛋液全部倒入粉料中，用橡皮刮刀搅拌成均匀无颗粒的粉浆。粉浆静置一个小时。

图 3.3.9

图 3.3.10

图 3.3.11

图 3.3.12

图 3.3.13

第五步（图 3.3.13）：平底锅加热，开中小火，放入少量色拉油，假如锅底太小，在罩面不能平衡，可以架一只杯子保持稳定。舀入一大汤匙粉浆，快速将平底锅转一圈，使粉浆均匀的摊成薄薄的圆形，上面立即撒入第三步中的混合料，摊开，使均匀。煎至定型，迅速翻面。

第六步：翻面后，用中小火煎至金黄色即可。

三、美味午餐

（一）里脊肉包饭团

1. 原料

主料：熟米饭、黄瓜丁、泡菜、火腿碎、猪里脊（以上按个人喜好定量即可）。

辅料：盐、生抽、香油、淀粉、韩式辣酱或照烧汁。

2. 制作过程

第一步：熟米饭、黄瓜丁、泡菜、火腿碎、生抽、香油、韩式辣酱适量，装碗；戴上一次性手套把米饭和其他食材抓匀；猪里脊切薄片，撒上点盐，米饭搓成球，用两片肉包住饭团（图 3.3.14）。

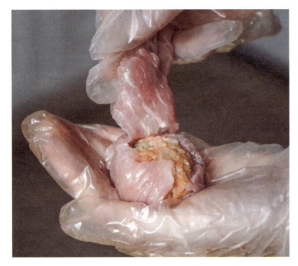

图 3.3.14

第二步：包好的饭团裹上一层玉米淀粉（图 3.3.15）。

第三步：开小火，锅内放一点油，放入饭团煎熟。

第四步：煎熟的饭团表面都刷上照烧汁（图 3.3.16），每面再煎几十秒。

图 3.3.15　　　　　　图 3.3.16

第五步：装盘后可以撒点芝麻作为装饰，也会让饭团更香（图3.3.17）。除了里脊肉之外，也可以用培根替代。

附：烹制照烧汁——将洋葱切块，姜切片；锅中放入适量清水，大火煮开；将洋葱、姜、蒜、桂皮、大料放入锅中小火煮3分钟左右；依次加入蚝油、酱油、料酒、糖，比例为1∶2∶3∶4（料酒和糖可根据个人口味调整）；大火煮开后，小火收汁即可。

（二）黄焖鸡

1. 配料

鸡腿若干个（500 g）、酱油（生抽）25 g、盐2 g、白砂糖10 g、干辣椒3个、大料1个、桂皮1小块、姜1小块、青辣椒（尖椒）2个、干香菇8朵、料酒15 g、大蒜4瓣、葱1段。

2. 制作过程

第一步：将鸡腿洗净沥干，然后剁成块（图3.3.18）。

第二步：香菇洗净用冷水泡发。泡香菇的水留着备用，将泡发的香菇切成片；姜蒜切片，葱切段，青辣椒去蒂去籽切成块（图3.3.19）。

第三步：将锅用大火烧热，倒入适量植物油；将姜片蒜片倒入炒香，接着倒入鸡块（图3.3.20）。

图3.3.17

图3.3.18

图3.3.19

图3.3.20

图 3.3.21

图 3.3.22

第四步：快速翻炒，使鸡块表面略带金黄色，倒入酱油；然后加入干辣椒、大料、桂皮、料酒等作料略微翻炒（图 3.3.21）。

第五步：将泡香菇的水也倒进来，淹没鸡块；最后，加入糖、葱段，等水烧开（图 3.3.22）。

第六步：水开后，盖上锅盖，转小火炖大约 20 分钟。

第七步：炖好以后转大火，加入青辣椒块，开盖再炖 2 分钟左右，如果此时汤汁还比较多，可以继续大火炖一会儿，直到将汤汁收浓（炖的时候多翻动几下），一份香喷喷的黄焖鸡就做好了（图 3.3.23）。

图 3.3.23

3. 制作要点

① 使用鸡腿制作黄焖鸡最方便，肉质嫩，容易熟，口感好。也可以用整只的小三黄鸡来制作。

② 青辣椒要最后放，炖的时间太久会影响口感，色泽也不好看，卖相也不好。最后的汤汁要收浓一点，这样才能更好地突出浓郁的风味。

四、清新晚餐

（一）鸡丝凉面

1.原料

面条（两人份）、黄瓜一根、鸡胸（腿）肉一块、香菜适量、蒜适量、XO 酱适量、芝麻油适量、颗粒花生酱一大勺、海鲜酱油两勺、香醋一勺、糖半勺、红油一勺、清水（调汁用）两勺。

2.制作过程

第一步：鸡肉用清水煮熟，晾凉。

第二步：将晾凉的鸡肉撕成鸡丝，加盖保鲜膜备用。

第三步：黄瓜切成细丝，加盖保鲜膜备用。

第四步：蒜切末备用。

第五步：香菜切末备用。

第六步：将面条放入锅中煮熟，煮至没有生心即可，煮太软影响口感。

第七步：煮面时将颗粒花生酱一大勺、海鲜酱油两勺、香醋一勺、糖半勺、红油一勺、清水两勺等料汁材料放入碗中拌匀。

第八步：将煮熟的面条捞出，过凉开水后控干水分。

第九步：加入适量芝麻油拌匀。

第十步：盛适量面条放入碗中。

第十一步：将黄瓜丝放在面条上，盖上鸡丝、蒜末、香菜，浇上料汁，在顶部放上一勺 XO 酱，拌匀后即可（图 3.3.24）。

图 3.3.24

（二）速成泡菜

图 3.3.25

1. 原料

柠檬 50 g、小米椒 50 g、洋葱 200 g、西芹 500 g、胡萝卜 200 g、甜椒 700 g、嫩姜 300 g、大蒜 30 g、白醋 350 g、盐 45 g、冰糖粉 220 g。

2. 做法

第一步：柠檬切片，小米椒切小段，嫩姜掰成小块并切细条，西芹刮去表面筋膜并切细条，洋葱、甜椒、胡萝卜切条。

第二步：玻璃罐中加盐、冰糖粉、白醋。

第三步：放入大蒜、小米椒、柠檬片，搅拌均匀。

第四步：将洋葱、西芹、胡萝卜等素菜放入罐中，加盖密封，摇晃均匀。

第五步：冷藏一个小时即可食用（图 3.3.25）。

3. 制作要点

① 这道泡菜制作起来方便、快捷，泡一小时之后就可以吃。

② 嫩姜味道辛香，但在没有嫩姜的季节，也可以用老姜代替。

③ 这款泡菜也可以加入荤菜，比如鸡爪、猪尾巴、猪耳朵等。但在加之前要将其煮熟，并除去所有油腥。

④ 泡菜做好后一定要密封之后放入冰箱冷藏，素菜最好三天内吃完，如果加入荤菜，两天内吃完。

五、偷闲茶饮

在中国传统文化中，色彩缤纷的鲜花自古便被赋予了多种多样的寓意。形形色色的花草作为茶饮冲调原料，不仅成为文人墨客、大家闺秀的心头最爱；还因其冲饮简单，具有养身保健的功效，深受现代人欢迎。那么茶叶与花草如何搭配才能美味又健康？

首先要选对花草。一般来说，首选花香浓郁的花草，例如玫瑰、桂花、茉莉花，它们可以和中国六大类茶分别搭配，当花香和茶叶香碰撞在一起，会催发不同的气质和口感。

此外，选择本身有味道的花草，例如洛神花是偏酸的，菊花是微苦的，玫瑰有一些甘甜，以此来增加茶的风味层次。

水果和茶也能形成很优秀的组合，尤其是口味偏酸、质感偏硬的水果，可以通过加糖、蜂蜜调和，最终形成酸酸甜甜的口感。

本节介绍容易买到的花草种类以及常见的搭配。

（一）桂花龙井、九曲红梅（乌龙）

桂花晒干，就可以不受时间和空间的约束，来去自由。干桂花是万金油，任何干巴巴的吃食加了它，马上就有了灵魂（图3.3.26）。

图 3.3.26

桂花龙井也算是一味名茶了，春天的龙井和秋天的桂花恰逢其会，而你也许在白雪皑皑的冬天喝下，这份美妙不可言说。

很多人不知道，龙井也可以制成红茶，九曲红梅是颇有杭州特色的红茶，和干桂花混在一起，就组成了"桂花九曲"。

桂花确实百搭，除了绿茶、红茶，还可以和乌龙茶配，乌龙茶本身底子醇厚，可以包容桂花张扬的香，而它自身浓烈的碳焙味也会被桂花中和。

不用刻意去买以上三款茶，你只需备好一些干桂花，捣茶的时候加点干桂花一起泡，甚至都不必拘泥于绿茶、红茶、乌龙茶，还可以有其他尝试，绝对会得到非常独特的体验。

（二）玫瑰小种

玫瑰小种是玫瑰花苞搭配正山小种一起冲泡而成的（图3.3.27）。

玫瑰花苞泡水喝，单喝微甜微香，如果和正山小种结合，滋味又会大不一样。

正山小种是非常经典的中国式红茶，是明朝中后期福建武夷山茶农创制的，可以说是红茶的鼻祖，至今已有400多年历史。

初泡下去，玫瑰的甜香扑鼻而

图 3.3.27

来，很好地中和了正山小种沉闷的红茶味，入口甘甜不涩，一杯饮毕，唇齿留香。

这款茶十分适合不太喜欢喝茶的人，既有红茶的醇厚，又让人感受到仿佛置身花田般美妙。如果想做成奶茶，把小种替换成斯里兰卡红茶，再加上玫瑰一起烹煮即可。

（三）茉莉花茶

在花茶领域，茉莉花茶（图 3.3.28）应该比桂花茶的群众基础更广泛。

平时所说的茉莉花茶就是充分窨制了茉莉花香气的绿茶，但是里面只有花香，没有茉莉花，例如茉莉龙珠。

茉莉花完成窨制后，不会被丢弃，通常会做成茉莉花干出售，它们的滋味虽然不如鲜花，却还是可以作为点缀加入糕点和饮品中。茉莉花干适合与清淡的绿茶、白茶搭配，而红茶过于浓郁，从气质上来说与茉莉花本身也并不十分匹配。

图 3.3.28

（四）菊花普洱

菊花茶（图 3.3.29）去火降燥，杭白菊、小黄菊都是常见品种。好的菊花茶喝起来，带着悠悠的明朗的香气，入口清甜，令人神清气爽

也有人把菊花普洱叫作"普菊茶"，菊花清热解毒，普洱茶性温和，是脾性非常相投的组合。

这款茶口感清寂，具有刮油脂的功效，非常养生。

（五）水果红茶

上述四款都是中式茶和花草的搭配，很多人不爱喝茶的原因，一部分出自口感的偏见，还有的怕睡不着。其实有的茶是不含咖啡因的，比如路易波士茶。

路易波士茶是一种产于南非的饮品，是由豆科灌木、

图 3.3.29

针叶状的抗酸性植物制作而成，所以和一般的茶叶不同，喝了它非但不失眠，还能改善睡眠、舒缓皮肤，有预防糖尿病等功效，是完全无咖啡因的天然饮品。它的味道接近于红茶，含有浓浓的草木香，非但不难喝，反而还很美味。

煮水果茶非常简单省事，水果切好丢进茶壶，加入茶包，煮到水翻滚时加冰糖或白糖调味，或者熄火后调入蜂蜜，就好了。水果可以挑选当季的，如山楂、苹果、梨、柑橘都特别适合，但要注意，有的水果则不适合煮水果茶，比如，火龙果不耐煮，会糊，石榴容易褪色。

如果是夏天，建议加一根柠檬香茅，浓浓的东南亚热带风味，也可以加枸杞、红枣。是小资时髦的英式下午茶，还是养生的红枣枸杞茶，又或是禅意浓浓的中式茶，几乎就是一念之间（图 3.3.30）。

图 3.3.30

练 习

1. 根据以上基础知识，请制作一道自己喜欢的菜品。
2. 搜集快手菜谱，尝试制作并记录过程。

原　　料	
制作过程	
制作心得	

给剩米饭披上华丽的外衣——香菇蛋包饭

蛋包饭是由蛋皮包裹炒饭而成的一种主食,看似普通,但营养丰富。鸡蛋含有丰富的蛋白质、脂肪、维生素和铁、钙、钾等人体所需要的矿物质,蛋白质为优质蛋白,对肝脏组织损伤有修复作用。

原料:

香菇3朵、火腿100 g、米饭1小碗、鸡蛋2个、胡萝卜半根、青葱1根、盐1茶匙、鸡精1/4茶匙(1 g)、番茄酱少许。

做法:

第一步:香菇用40℃温水泡发,反复洗净后切成小丁。胡萝卜去皮洗净后切成小丁。火腿切成小丁,青葱洗净后切碎。

第二步:炒锅中倒入少许油,放入葱花爆香后,倒入香菇丁、胡萝卜丁、火腿丁,翻炒2分钟后放盐,倒入米饭翻炒均匀后加入鸡精,盛出备用。

第三步:将鸡蛋打散,在平底锅中倒入少许油,加至六成热,调成中小火后,将蛋液倒入锅中转圆(留下一点蛋液)。待一面凝固后将炒好的饭铺在蛋皮一侧,将没有米饭一侧的蛋皮折叠过去,将剩下的蛋液淋在边缘封口,用筷子按压住边缘接缝后,继续加热1分钟。

第四步:盛出后放入盘中,淋上少许番茄酱即可。

制作要点:

蛋包饭里面的内容可以自行选择搭配不同的配菜,如担心蛋皮在煎制过程中破裂,也可以在打散的蛋液中添加少许面粉,中小火煎制。

淋在蛋包饭上的酱料,可视自己的口味而定,泰式辣椒酱、香蒜辣椒酱,甚至千岛沙拉酱都是不错的选择。

第四节　潮流美味

一、不时不食

"不时不食"是一句老话，讲的是我们中华民族悠久的饮食传统：吃东西要应时令、按季节，到什么时候吃什么东西。此语出自《论语·乡党》："脍不厌细。食饐而餲（ài）。鱼馁而肉败，不食；色恶，不食；臭恶，不食；失饪，不食；不时，不食；割不正，不食；不得其酱，不食。"

如今，随着生活水平的不断提高，科技的不断发展，各个季节的食材都很丰富，我们想吃什么就吃什么，随心所欲。但还是应该讲究一些"不时不食"的传统，顺应自然规律。

二、春

（一）鸡蛋炒菠菜

虽然菠菜一年四季都有，但以春季为佳，"春菠"根红叶绿，鲜嫩异常，最为可口，对解毒、防春燥颇有益处。

1. 原料

菠菜 500 g、鸡蛋 3 个、大葱 3 片、料酒 1 茶匙（5 mL）、盐 1/2 茶匙（3 g）。

2. 制作过程

第一步：菠菜洗净后，放入开水中焯烫 30 秒钟后捞出，放入清水中浸泡，待菜冷却后沥干。

第二步：用手轻轻挤压出菠菜中的水，然后切成约 6 cm 长的段，大葱切片备用。

第三步：鸡蛋打散加入料酒和清水搅匀。锅烧热，倒入油，大火加热，待油八成热时，倒入鸡蛋炒熟，用铲子在锅中切成块，炒好后盛出。

第四步：锅中再倒入一点油，待油至四成热时放入大葱片爆香后，放入菠菜翻炒 1 分钟，加盐搅匀，把鸡蛋倒回翻炒几下即可（图 3.4.1）。

图 3.4.1

3. 制作要点

① 菠菜需要提前放入开水中焯烫，去掉草酸，以免影响钙质的吸收。

② 炒鸡蛋前往鸡蛋中倒入一点料酒和清水，放料酒可以去除鸡蛋的腥味；放一点清水，在炒鸡蛋时会让鸡蛋更加蓬松，口感更好。

③ 鸡蛋比较容易吸盐，所以炒这道菜时，我们先放盐调味，最后再将炒好的鸡蛋回锅。否则，先放鸡蛋再放盐，鸡蛋会很咸，而菜却没什么味道。

（二）木耳脆笋

1. 原料

笋半根、黑木耳15朵、葱末1汤匙（15g）、姜末1汤匙（15g）、蒜末1汤匙（15g）、芝麻少许、蚝油1汤匙（15mL）、醋1汤匙（15mL）、糖1汤匙（15mL）、盐1/2茶匙（3g）、清水2汤匙（30mL）、鸡精1/4茶匙（1g）。

2. 制作过程

第一步：将笋洗净切成丁，黑木耳用40℃温水泡发后洗净，撕成小朵，葱姜蒜切末。

第二步：锅中倒入清水，大火加热至沸腾后，放入黑木耳焯烫1分钟后捞出沥干，再放入笋块焯烫2分钟捞出沥干。

第三步：炒锅中倒入油，待油七成热时倒入葱姜蒜爆香，放入笋块煸炒1分钟后，放入木耳翻炒几下，倒入蚝油、醋、糖、盐和清水，继续炒约2分钟。关火后调入鸡精，装盘后撒上少许芝麻（图3.4.2）。

图3.4.2

3. 制作要点

① 浸泡木耳的时候，可以撒些淀粉在水里，更容易清洁木耳上的杂质。

② 真空包装的袋装笋，打开后，如果有类似石灰块一样的钙化物，要清洗干净，免得影响口感和

菜的美观。

③ 如果不喜欢，可以不放蚝油。

三、夏

（一）竹荪鲜蘑茭白汤

1. 原料

竹荪 2~3 根、口蘑 150 g、茭白 1 根、姜 3~4 片、盐 2 g、素高汤 1 600 mL。

2. 制作过程

第一步：用清水浸泡竹荪 30 分钟，捞出去根备用。

第二步：茭白去皮，和蘑菇分别切成约 0.5 cm 厚的片。

第三步：将素高汤放入锅中烧开，放入除盐之外的所有食材。

第四步：转成小火继续煎煮 40 分钟，关火放盐调味即可（图 3.4.3）。

3. 制作要点

① 这是一道能调节血脂、清心润肺、提高人体免疫力的汤。汤中的菇类可以根据自己和家人的口味来选择。

② 茭白有清热、解毒、降血压的功效，但茭白性寒，所以胃寒的人群不宜多服。

③ 素高汤制作方法：洋葱 1/4 个、胡萝卜 1 根、芹菜 1/2 棵、香菇 2 朵、豆芽 100 g、圆白菜 1/4 棵，全部洗净切块，加 1 500 mL 水煮 1 小时后过滤。

图 3.4.3

（二）酸汤肥牛

1. 原料

肥牛 250 g、金针菇 100 g、小米椒 4 根、杭椒 1 根、四川酸菜 30 g、泡椒（野山椒）20 g、蒜 2 瓣、姜 2 片、盐 1/2 茶匙（3 g）、白胡椒 1 茶匙（5 g）、米醋 1 汤匙（15 mL）、野山椒汤汁 1 汤匙（15 mL）。

2. 制作过程

第一步：金针菇切掉根部，放入沸水中焯烫 2 分钟，盛出。姜蒜切末，酸菜切丝，小米椒、杭椒切小圈，野山椒切碎备用。

图3.4.4

第二步：再次烧开焯金针菇的水，放入肥牛，当肥牛表面变色时用笊篱马上捞出，并冲干净表面，沥干水分。

第三步：锅中倒入适量的油，油温微热时放入姜末、蒜末，炒香；接着放入酸菜丝、野山椒圈碎，炒香；倒入约600 mL的水，加入盐、白胡椒粉、野山椒汤汁，大火煮开。

第四步：锅中放入金针菇、肥牛、辣椒圈、醋，关火即可（图3.4.4）。

3. 制作要点

① 焯肥牛时颜色略带肉粉就要捞出，否则肉质变老，影响口感。
② 野山椒汤汁可以增加风味。
③ 可以用高汤代替水。
④ 可以依个人口味在汤里加入米线、米粉之类。

四、秋

（一）白萝卜牛尾汤

1. 原料

牛尾1 000 g、白萝卜600 g、白洋葱1个、蒜1头、香菜2根、盐适量、料酒1汤匙（15 mL）。

2. 制作过程

第一步：将牛尾在清水中浸泡4个小时，中途换水3次。

图3.4.5

第二步：牛尾放入凉水锅中，倒入料酒，大火煮5～6分钟，捞出备用。

第三步：将焯好的牛尾放入盛着开水的锅中（水量要没过牛尾），加入去了皮、横刀一切为二的洋葱、剥好皮的蒜瓣，大火煮开后，转小火煮约2个小时，至肉软烂。

第四步：再放入去皮、切成滚刀块的萝卜块煮30分钟左右。

第五步：加入盐，撒入香菜即可（图3.4.5）。

3. 制作要点

① 牛尾买来后多浸泡，勤换水，以便去掉血水。
② 建议用密封性好的铸铁锅或者陶锅煮牛尾。
③ 牛尾的味道比较重，所以可用大量的蒜和洋葱去味。
④ 建议将煮好的牛尾汤盛到小碗里，再根据每人的口味适量添加盐调味。

（二）蒜泥白肉

1. 原料

猪后腿肉400 g、香葱2根、葱白2段、蒜5瓣、姜3片、白芝麻适量、生抽2汤匙（30 mL）、糖1/2茶匙（3 g）、盐1/3茶匙（2 g）、红油2汤匙（30 mL）、粗辣椒粉8 g、干辣椒4根、香叶2片、大料1个。

2. 制作过程

第一步：猪肉洗净后同葱白段、姜片、香叶、大料一同放入冷水锅中，大火煮开，撇掉浮沫，转小火，盖盖子煮30分钟左右，取出晾凉，切薄片。

第二步：锅中倒入一点点油，放入干辣椒，小火炒香后盛出。

第三步：把炒好的干辣椒切碎，同辣椒粉、白芝麻放入一个容器中，分两次浇热油（一共约50 mL左右，第一次油温80℃左右，第二次油温55℃左右），调匀。

第四步：蒜剁成蒜泥，加入生抽、红油、糖、盐、煮肉汤（约20 mL）调匀，做成料汁。

第五步：最后把切好的肉片码好，淋上料汁，撒上葱花即可（图3.4.6）。

图3.4.6

3. 制作要点

① 猪后腿肉肥瘦相间，比较适合做这道菜。
② 辣椒粉最好用粗的，可以看见辣椒籽的那种；推荐使用菜籽油做红油，味道会更香。
③ 做红油时，分两次倒入热油，目的是增香增色。
④ 猪肉彻底放凉，会比较容易切薄片。

五、冬

（一）煲仔饭

1. 原料

大米100 g、腊肠2根、腊肉1块、干香菇5~6朵、西蓝花少许、生抽4茶匙（20 mL）、美极鲜味汁1茶匙（5 mL）、鱼露2茶匙（10 mL）、盐1/4茶匙（1 g）、糖1/2茶匙（3 g）。

2. 制作过程

第一步：干香菇用温水浸泡半小时，泡软后洗净备用。腊肠和腊肉切薄片备用。

第二步：把西蓝花洗净后切成小块，放入加了盐和油的沸水中焯烫半分钟，捞出后放入冷水中浸泡1分钟沥干备用。

第三步：将生抽、美极鲜味汁、鱼露、盐、糖倒入碗中，搅匀后备用。

第四步：大米倒入砂锅中，倒入清水（煮饭的水与平时一样），开始煮饭。

第五步：打开盖子看一下，水分快收干时，放入切片的腊肠、腊肉和香菇，继续盖上盖子，调成小火焖制20分钟。

第六步：食用前淋入调好的料汁，放入焯好的西蓝花，搅匀后即可（图3.4.7）。

3. 制作要点

① 喜欢吃煲仔饭底部锅巴的人，可以在焖制20分钟之后，用小火煲制约5分钟，这样底部就会在做好时形成一层脆香的锅巴。

② 煲仔饭的料汁非常重要，吃之前直接淋在饭上再搅匀就可以了。但是直接用酱油调会比较咸，味道也单一，因此需要用菜谱中的其他几味来一起配制。

③ 一般来说，腊味煲仔饭都会配一些西蓝花、芥蓝、小青菜等。这些菜都需要提前焯烫，在焯烫的水中放一些油和盐，除了会给蔬菜增加味道，也会使颜色更鲜亮。一定要用冷水过凉，否则绿绿的蔬菜就会变黄。

④ 如果采用的腊肉和腊肠味道已经很咸，调料汁时就不要加盐，并减少2茶匙生抽。

图3.4.7

（二）鸳鸯火锅

1. 原料

（1）清油麻辣火锅底料

植物油400g、豆瓣酱100g、香叶6片、新鲜朝天椒50g、干红辣椒50g、花椒25g、麻椒（青花椒）25 g、桂皮 3 g、丁香 8 粒、大料（八角）4 个、姜 20 g、大葱半根、料酒 30 克、细砂糖 25 g。

（2）高汤配料

大棒骨 1 000 g。

2. 制作过程

第一步：将新鲜的朝天椒、干红辣椒、红花椒、青花椒切成小段，葱切成葱段，姜切成厚片。

第二步：在锅里倒入植物油，开大火烧热，油热后转小火；将朝天椒倒入油锅，加入豆瓣酱、葱段、姜片、料酒。

第三步：持续用小火炸 5~8 分钟。将豆瓣酱、朝天椒里的水分慢慢炸干。炸的过程中可以适当翻动一下，避免糊底。炸到葱段开始变色以后，将葱捞出；然后在油锅里加入干辣椒、花椒、麻椒、香叶、丁香、大料、桂皮、糖等剩下的调料，并继续用小火翻炒 2 分钟左右，炸出香味后关火。

第四步：香味浓郁的麻辣火锅底料制作完成，冷却以后可以放入冰箱密封保存。吃火锅时，将底料按自己喜好的分量倒入火锅里，加入水或者高汤就可以了。像这样一份火锅底料，足够用 2~3 次。

第五步：在鸳鸯火锅的一边放入麻辣火锅底料，加满高汤。另一边直接倒满高汤，并放入一些葱段、姜片、干香菇，做成清汤锅底。大火煮开以后，就可以开涮了（图 3.4.8）。

图 3.4.8

3. 制作要点

① 麻辣火锅底料通常分成牛油和清油两种。用牛油做的底料，冷却以后会凝固，而用植物油制作的清油底料，冷却以后也是液态的。本食谱用的是植物油制作，也可以用牛油来做锅底。

② 煮好以后的高汤，除了用来做锅底，也可以用来做骨汤面，烧菜的时候用高汤代替水，也能起到提鲜的作用。

练 习

1. 根据以上基础知识,请制作一道自己喜欢的菜品。
2. 搜集快手菜谱,尝试制作并记录过程。

原料	
制作过程	
制作心得	

> 课外拓展

夏日霸主——麻辣小龙虾

1. 原料

小龙虾500g、花椒25g、辣椒25g、大葱1根、大蒜4瓣、姜50g、盐2汤匙（30g，制成盐水浸泡小龙虾用）、酱油1汤匙（15mL）、米醋1汤匙（15mL）、盐1/2茶匙（3g）、白糖1茶匙（5g）。

2. 做法

第一步：将小龙虾放入盆中，用清水冲洗2次，将水倒掉后放入2汤匙盐，再倒入清水没过小龙虾，浸泡1个小时。大葱切成约1cm长的小段，大蒜切片，姜去皮后切片。

第二步：锅中倒入清水，大火煮开后放入小龙虾，水再次沸腾后，焯烫2分钟后捞出，用清水冲去浮沫。

第三步：锅中倒入油，放入葱姜蒜爆香后，放入花椒和干辣椒，闻到麻辣的味道后倒入小龙虾，调入酱油、醋、盐和糖，不断地颠锅，让所有的汤汁都包裹在小龙虾外面即可（约2分钟，不会颠锅可用铲子翻炒）。

3. 制作要点

① 小龙虾一定要买活的，在盐水中浸泡时，它们会争先恐后地往外爬，可以用盆压住它们。

② 小龙虾现在大多都属于人工养殖，没有太多的腥味，因此在烹饪过程中不必添加料酒，葱、姜、蒜、花椒和辣椒综合的味道，就已经足够去腥提香了。

参考文献

[1] 近藤麻理惠. 怦然心动的人生整理魔法 [M]. 南京：译林出版社，2012.
[2] 姥姥. 这样装修不后悔 [M]. 北京：北京联合出版公司，2014.
[3] 逯薇. 小家，越住越大 [M]. 北京：中信出版集团，2016.
[4] 逯薇. 小家，越住越大 2[M]. 北京：中信出版集团，2018.
[5] 增田奏. 住宅设计解剖书 [M]. 海口：南海出版公司，2013.
[6] 中国营养学会. http://www.cnsoc.org/.